この本の特色としくみ

　本書は，中学1年のすべての内容を3段階のレベルに分け，それらをステップ式で学習できる問題集です。各単元は，Step1(基本問題)とStep2(標準問題)の順になっていて，数単元ごとにStep3(実力問題)があります。また,巻末には「総仕上げテスト」を設けているため，総合的な実力を確かめることができます。

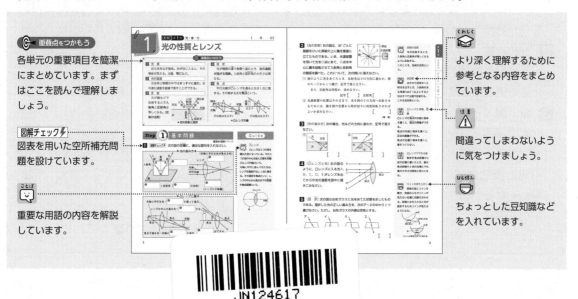

重要点をつかもう
各単元の重要項目を簡潔にまとめています。まずはここを読んで理解しましょう。

図解チェック
図表を用いた空所補充問題を設けています。

ことば
重要な用語の内容を解説しています。

くわしく
より深く理解するために参考となる内容をまとめています。

注意
間違ってしまわないように気をつけましょう。

ひと休み
ちょっとした豆知識などを入れています。

もくじ

〔写真提供〕岩手県 野田村／神戸市

本書に関する最新情報は, 小社ホームページにある**本書の「サポート情報」**をご覧ください。(開設していない場合もございます。)
なお, この本の内容についての責任は小社にあり, 内容に関するご質問は直接小社におよせください。

光の性質とレンズ

重要点をつかもう

1 光 源
自ら光を出す物体。光が目に入ると，その物体が見える。太陽，電灯など。

2 光の直進
光は同じ物質の中ではまっすぐに進む。光の進む道筋を直線で表すことができる。

3 反 射
光が鏡などで反射するとき入射角と反射角は等しくなる。(反射の法則)

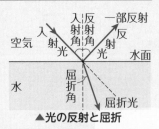
▲光の反射と屈折

4 屈 折
光が種類の違う物質へ進むとき，光の道筋が曲がる現象。入射角と屈折角の大きさは異なる。

5 焦 点
平行光線が凸レンズを通ると光は1点に集まる。その集まる点を焦点という。

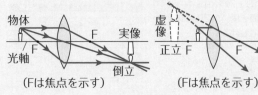
(Fは焦点を示す) (Fは焦点を示す)
▲凸レンズの像

Step 1 基本問題

解答▶別冊1ページ

1 図解チェック⚡ 次の図の空欄に，適当な語句を入れなさい。

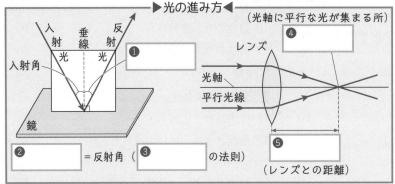

▶光の進み方◀

（光軸に平行な光が集まる所）

❶
❷ ＝反射角（ ❸ の法則）
❹
❺ （レンズとの距離）

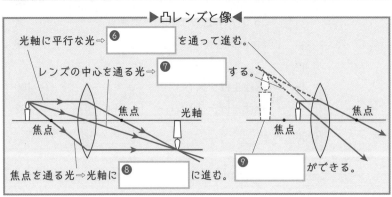

▶凸レンズと像◀

光軸に平行な光⇒ ❻ を通って進む。
レンズの中心を通る光⇒ ❼ する。
焦点を通る光⇒光軸に ❽ に進む。
❾ ができる。

Guide

ことば 凸レンズ
凸レンズは2つの球を重ねた形になっている。その2つの球の中心を結んだ線を光軸(凸レンズの軸)という。
光軸に平行に進んできた光は，レンズを通過すると，1点に集まる。その場所を焦点といい，レンズの中心から焦点までの距離を焦点距離という。

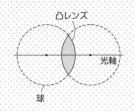

2 [光の反射] 右の図は，30°ごとに破線をひいた厚紙の上に鏡を垂直に立てたものである。いま，光源装置を用いて光を○点にあて，○点を中心に鏡を回転させて入射角と反射角の関係を調べた。これについて，次の問いに答えなさい。

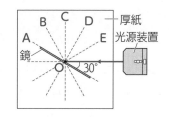

(1) 図のように光をあてたとき，反射光はどの方向に進むか。図のA〜Dから1つ選び，記号で答えなさい。
　　また，反射角は何度か，求めなさい。

　　　　　　記号 [　　　　] 反射角 [　　　　　　]

(2) 光源装置の位置はそのままで，光を図のEの方向へ反射させるためには，鏡を図の位置から時計回りに何度回転させればよいか求めなさい。　　　　　　　　　　[　　　　　　]

〔青　森〕

3 [光の進み方] 次の場合，光はどの方向に進むか，記号で答えなさい。

①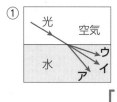

②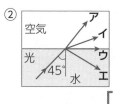

[　　　]　　　　　　[　　　]

4 [凸レンズと光] 右の図のように，凸レンズに入る光A，B，C，D，Eがレンズを出てからの光の道筋を図中に描きこみなさい。

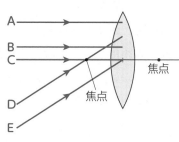

5 [屈　折] 次の図は台形ガラスに光をあてた状態を示したものである。屈折した光の正しい進み方を，次のア〜エの中から1つ選びなさい。ただし，台形ガラスの外側は空気とする。

ア 　　イ 　　ウ 　　エ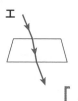

[　　　　　]

ことば　反射の法則
　光が反射するとき，入射角と反射角が等しくなるように反射する。
このことを，反射の法則という。

くわしく　全反射
　水中から空気中へ入射光を出すとき，入射角をある角度(48.5°)以上にすると光はすべて水面で反射する。これを全反射という。

注意　凸レンズと実像，虚像
凸レンズの焦点の外側に物体を置くと，倒立の実像ができる。
焦点の内側に物体を置くと，正立の虚像ができる。
焦点の位置に物体を置くと，像をつくらない。

注意　凸レンズでできる像
　物体を焦点距離の2倍の位置に置いたとき，像は焦点距離の2倍の位置にでき，像の大きさは物体と同じになる。

ひと休み　コインの浮き上がり
　容器の底にコインを置き，容器のふちでコインが見えない位置に目線を合わせる。容器に水を入れると光が屈折するためコインが見えるようになる。

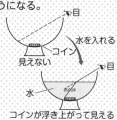

コインが浮き上がって見える

3

【 　 月 　 日】

解答▶別冊1ページ

1 [凸レンズによる像] 凸レンズには，光を屈折させて集めるはたらきがある。これについて，次の問いに答えなさい。

重要 (1) 凸レンズを通して物体を見るとき，物体が凸レンズと焦点の間にあると，像が物体と同じ向きに大きく見える。このような像を何といいますか。

(2) 図1は，物体が凸レンズの焦点より外側にあるときのようすを模式的に表したものである。ア～エの中で，スクリーンを置いたときはっきりとした物体の像がうつる位置はどれですか。ただし，光は凸レンズの中心線上で屈折するものとする。

図1

凸レンズの中心線
物体
焦点
ア　イ　ウ　エ
凸レンズの軸

1 (15点×4−60点)

(1)

(2)

(3) ①

② （図に記入）

┌─ ワンポイント ─┐
(3) ①像と物体が同じ大きさのとき物体は焦点距離の2倍の位置にある。

(3) 電球，厚紙，凸レンズ，方眼紙をはったスクリーン，光学台を用いて図2のような装置を組み立てた。この厚紙は図3のように「L」の形が切り抜かれ，電球側から見て「L」の向きになるように取りつけられている。「L」の形が切り抜かれた部分の最も深い縦の辺の両端をそれぞれA，Bとすると，AB間の長さは4.0 cmである。また，図3の「●」は凸レンズの軸と厚紙の交点を示している。この装置で凸レンズから厚紙までの距離を変え，はっきりとした像がうつるようにスクリーンを動かし，スクリーンにうつった像のAB間の長さを調べた。表はその結果である。

図2
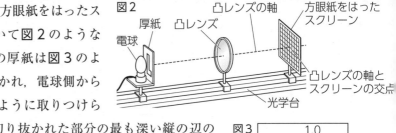
厚紙　凸レンズ　凸レンズの軸　方眼紙をはったスクリーン
電球
凸レンズの軸とスクリーンの交点
光学台

図3
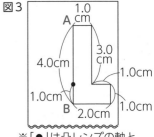
1.0 cm
A
3.0 cm
4.0cm
1.0cm
1.0cm
B
2.0cm
1.0cm

※「●」は凸レンズの軸と厚紙の交点を示している。

凸レンズから厚紙までの距離〔cm〕	15	20	25	30	35
凸レンズからスクリーンまでの距離〔cm〕	30	20	17	15	14
スクリーンにうつった像のAB間の長さ〔cm〕	8.0	4.0	2.7	2.04	1.6

重要 ①この凸レンズの焦点距離は何cmですか。

②凸レンズからスクリーンまでの距離が，凸レンズから厚紙までの距離の2倍のとき，凸レンズ側から観察するとスクリーンにうつった像はどのように見えるか。表をもとに，見える像のようすを右の方眼紙に ▨ を用いて描きなさい。ただし，方眼の1目盛りを1.0 cmとし，方眼の中心にある●は凸レンズの軸とスクリーンの交点を示している。

〔鹿児島−改〕

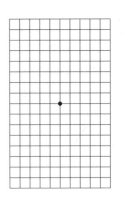

2 ［光の反射］鏡で反射する光のようすを調べるために，水平な床に垂直に立てた幅2 m，高さ1.5 mの鏡の斜め前に，長さ1 mの細い棒を床に垂直に立て，その上に小さな丸い玉をつけた。図は，そのようすを真

上から見たように示した図である。また，この図におけるマス目は正方形で，1辺の長さが1 mとなるように表してある。観察者がA，B，C，D，E，Fの位置に移動して鏡を見たとき，丸い玉を鏡で観察することができるのはどこと考えられるか。次のア〜エから1つ選び，記号で答えなさい。ただし，観察者の目の高さは，丸い玉と同じ高さとする。

ア A，D，Fの3か所　　イ B，C，Eの3か所

ウ B，D，Fの3か所　　エ B，E，Fの3か所　　〔神奈川〕

2 （20点）

第1章
第2章
第3章
第4章
総仕上げテスト

> **ワンポイント**
> 鏡を置いている位置を対称の軸にして，丸い玉と線対称な位置に置いて，各点と結んで考えてみる。
>
> 線対称な位置
>
> 鏡

---

3 ［凸レンズと像］図のように凸レンズと光源を置き，レンズの右側に，光源に対して垂直にスクリーンを置いた。このス

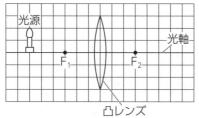

クリーンを左右に動かしたところ，ある位置でスクリーン上に像ができた。これについて，次の問いに答えなさい。

(1) 図の光源の先端から出た光のうち，光軸（凸レンズの軸）に平行に進む光とレンズの中心に向かって進む光の道すじをそれぞれの図に描きなさい。

(2) 光源を図の位置よりも左側に置いたとき，像ができるときのスクリーンの位置と像の大きさは，図の位置に光源があるときと比べて，それぞれどうなるか。組み合わせとして最も適当なものを，次のア〜エの中から1つ選び，記号で答えなさい。

	像ができるときのスクリーンの位置	像の大きさ
ア	レンズに近くなる	大きくなる
イ	レンズに近くなる	小さくなる
ウ	レンズから遠くなる	大きくなる
エ	レンズから遠くなる	小さくなる

〔佐賀－改〕

3 （10点×2－20点）

(1)
（図に記入）
(2)

> **ワンポイント**
> (2) 光源を凸レンズから遠ざけたとき，像はどの位置にできるか考える。

| Step ② | 標準問題 ② | 時 間 30分 | 合格点 70点 | 得 点 点 |

【　　月　　日】

解答▶別冊1ページ

👑重要 1 [鏡] 右の図は，恵さんと鏡の位置を示したものである。図の3つの●(頭，目，靴の先)を用いて，全身をうつすために必要な鏡の大きさを作図によって求め，鏡の位置を──線で示しなさい。作図に必要な線は，消さずに残しておくこと。

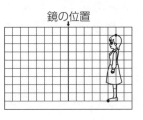

〔福　岡〕

1 (8点)

(図に記入)

2 [屈　折] 光の屈折について，次の問いに答えなさい。

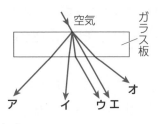

(1) 厚みのあるガラス板に，右の図のように光線があたるとき，光線はどのように進むか。**ア**〜**オ**のうちから正しいものを選び，記号で答えなさい。

(2) 次の事がらの中で，光が屈折するために起こるものを1つ選び，記号で答えなさい。

　ア スプーンの裏に顔をうつすと，小さく見える。

　イ 光を通さないもので光をさえぎると，影ができる。

　ウ 電灯にかさをつけると，部屋が明るくなる。

　エ ルーペで太陽の光を集めて，黒い紙を焼くことができる。

2 (8点×2−16点)

(1)

(2)

ワンポイント

(1) 空気中からガラス中に光が進むとき，その境界面では，入射角のほうが屈折角より大きくなる。

👑重要 3 [凸レンズによる像] 凸レンズを使ってスクリーン上にろうそくの像をうつす実験をした。次の問いに答えなさい。

(1) スクリーンからろうそくまでが80cm，スクリーンからレンズまでが20cmのときに像がうつったとすると，このレンズの焦点距離は何cmと考えられるか。右の方眼に作図しながら求めなさい。

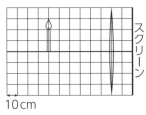

(2) 実際のろうそくと同じ大きさの像をスクリーンにうつしたい。このときのろうそくとレンズ，光の進み方を右の方眼に作図し，答えなさい。また，このとき，ろうそくはレンズの焦点距離の何倍の位置に置けばよいか，答えなさい。

3 (10点×4−40点)

(1) (図に記入)

(2) (図に記入)

6

4 [凸レンズと像] 図1 図1 のような装置で実験を行った。図1の凸レンズAから物体までの距離Xを変える

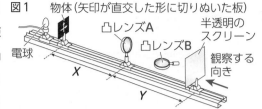

物体（矢印が直交した形に切りぬいた板）
凸レンズA
凸レンズB
電球
半透明のスクリーン
観察する向き
X
Y

ごとに，スクリーンを動かし，はっきりとした像がうつったときの凸レンズAからスクリーンまでの距離Yを測定した。次に，凸レンズAを凸レンズBに変え，同様の操作を行った。表はその結果で，「－」は像がうつらなかったことを表している。

凸レンズA	X[cm]	10	15	20	25	30	35	40
	Y[cm]	－	－	60	38	30	26	24
凸レンズB	X[cm]	10	15	20	25	30	35	40
	Y[cm]	－	30	20	17	15	14	13

(1) ①〜④の[　]の中からそれぞれ正しいものを1つずつ選び，記号で答えなさい。

・凸レンズAの焦点距離は①[ア 15　イ 30　ウ 60]cmで，凸レンズBの焦点距離よりも②[ア 短い　イ 長い]。

・実験でスクリーンにはっきりした像がうつるとき，凸レンズA，Bとも，距離Xを長くすると，距離Yは③[ア 短く　イ 長く]なり，その像は④[ア 大きく　イ 小さく]なる。

次に，図1の凸レンズAを用いた装置の距離X，Yをそれぞれ30cmにして，図2のようにスクリーンの近くに凸レンズBを置いたところ，凸レンズBを通してはっきりした像が物体よりも大きく見えた。さらに，凸レンズBを動かし，スクリーンから凸レンズBまでの距離Zを長くすると，はっきりした像は見えなくなった。

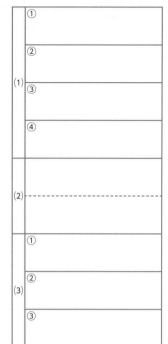

図2
物体
凸レンズA
半透明のスクリーン
凸レンズB
電球
観察する向き
30cm
30cm
Z

(2) 下線部について，この像が見えるのはどんなときか，「焦点距離」という語を用いて書きなさい。

(3) ①〜③の[　]の中からそれぞれ正しいものを1つずつ選び，記号で答えなさい。

　図2にて，スクリーンにうつった像は，物体の①[ア 実像　イ 虚像]であり，凸レンズBを通して見えた像は，スクリーンにうつった像の②[ア 実像　イ 虚像]である。また，凸レンズBを通して見えた像は，③[ア スクリーンにうつった像　イ 実際の物体]と上下左右が同じ向きである。

〔熊本－改〕

4 ((1), (3) 4点×7, (2) 8点－36点)

(1)
①
②
③
④

(2) - - - - - - - - - - -

(3)
①
②
③

第1章　第2章　第3章　第4章　総仕上げテスト

ワンポイント

(2) この像は，凸レンズBの焦点距離Zの長さに応じて，大きさが変わる。

2 音 の 性 質

重要点をつかもう

1 音の伝わり方

物体の中を波として伝わる。空気などの気体だけでなく，液体や固体も音を伝える。

2 オシロスコープ

音の波形を観測する機器。

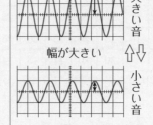

マイク　　　　　オシロスコープ

3 音の反射

音も，光と同じように**入射角＝反射角**の関係で反射する。

4 音 色

音の波形の違いにより変化する。

5 音の強弱

振幅（振動の幅）の大きいものほど音が大きい。

6 音の高低

振動数（1秒間に振動する回数）の多いものほど音が高い。

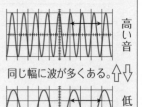

大きい音　幅が大きい ⇧⇩

小さい音

高い音　同じ幅に波が多くある。⇧⇩

低い音

Step 1 基本問題

解答▶別冊2ページ

1 図解チェック⚡ 次の図の空欄に，適当な語句を入れなさい。

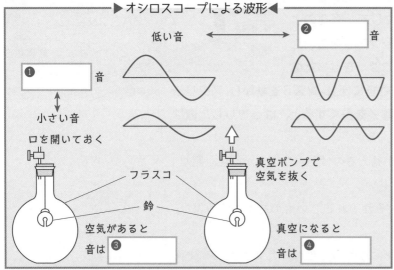

▶オシロスコープによる波形◀

低い音 ⟷ ② 　　音

① 　　音

小さい音

口を開いておく　　　　　　　真空ポンプで空気を抜く

フラスコ

鈴

空気があると　　　　　　　　真空になると
音は③　　　　　　　　　　　音は④

音の高低	弦の長さ	弦を引っ張る力	弦の太さ
高い音が出る	⑤	⑦	⑨
低い音が出る	⑥	⑧	⑩

Guide

ことば **音の三要素**
①音の大きさ…振幅の大小による。振幅の大きいものは大きな音になる。
②音の高さ…振動数の違いによる。振動数が多いものは高い音になる。
③音色…波形の違いによる。

注意 **弦と振動数の関係**
長さが短いほど，引っ張る力が強いほど，太さが細いほど，振動数が多くなる。

くわしく **音を伝えるもの**
音が伝わるためには空気や水などの音を伝えるものが必要である。そのため，真空中では音は伝わらない。

2 [おんさと音の伝わり方] おんさが3つ
ある。そのうち，2つは同じ振動数のお
んさで，1つは振動数の異なるおんさで
ある。次の問いに答えなさい。

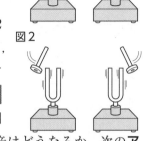
図1

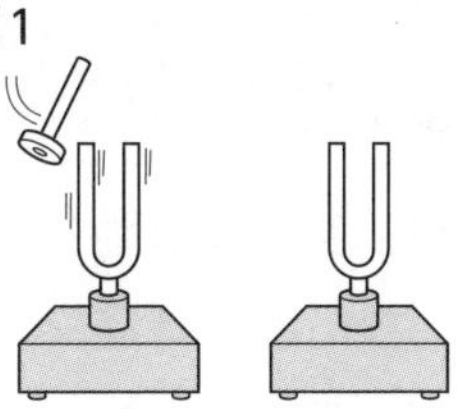

(1) 図1のように同じ振動数のおんさを2
つ並べ，片方のおんさをたたいたとき，
たたいていないおんさはどうなります
か。　　　　　　[　　　　　　]

図2

(2) 振動数の異なるおんさを2つ並べ，図
2のように両方のおんさをたたくと音はどうなるか，次の**ア**
〜**エ**から1つ選びなさい。　　　　　　[　　　　　　]

　ア 大きな音が出る。

　イ 音は，大きくなったり，小さくなったりする。

　ウ 打ち消しあって，音は消える。

　エ 高い音になる。

(3) 音の伝わり方について，正しく説明しているものを次の**ア**〜
エから1つ選びなさい。　　　　　　[　　　　　　]

　ア 音は，気体と液体では伝わるが，固体では伝わらない。

　イ 音が空気中を伝わるとき，空気そのものは移動しない。

　ウ 音は，1つの方向にだけ伝わっていく。

　エ 音は，真空中でも伝わっていく。

3 [音の性質] 右の図のようなモ
ノコードを用いて，弦をはじいた
ときに出る音の大きさや高さについて調べた。次の文の①〜③の
[　]の中から適当なものを1つずつ選び，記号で答えなさい。

モノコード
弦

　音の大きさは，弦を強くはじくほど①[**ア** 大きく　　**イ** 小さ
く]なった。音の高さは，弦の振動部分を長くするほど②[**ア** 高く
イ 低く]なり，弦を強く張るほど③[**ア** 高く　　**イ** 低く]なった。

　①[　　　]　　②[　　　]　　③[　　　]　　〔愛媛－改〕

4 [音の速さ] 音の速さは，水の中では1秒間に約1500 mである。
いま，海面上の船から音を出して，海底にあたってからこの音が
はね返ってくるまでに6秒かかった。海の深さはいくらですか。

　　　　　　　　　　　　　　　　　[　　　　　　]

くわしく　共鳴
同じ振動数のおんさ
に振動が伝わる現象を，共鳴
(共振)という。

ことば　うなり
振動数の少し違う2
つのおんさを同時に鳴らすと，
音が大きくなったり小さく
なったりする。この現象をう
なりという。

ひと休み　山びこ
ハイキングなどに出
かけ，山に向かって大きな声
を出すと，ちょっと間をおい
て自分のほうに「山びこ(こ
だま)」が返ってくる。これは，
声(音)が山で反射するために
起こる現象である。

注意　音の伝わる速さ
音は空気中よりも液
体のほうが，液体よりも固体
のほうが，はやく伝わる。

ひと休み　光の速さ
光の速さは，1秒間
に地球を7周半(約30万km)
するほどはやいので，離れた
場所で光ってもほぼ同時に光
が届くと考えてよい。

重要 **1** [音の性質] 音は空気中では，空気が振動する
ことで伝わる。右の図は，おんさの音をマ
イクを通してオシロスコープで観察したもの
である。これについて，次の問いに答えなさい。

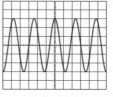

(1) 右の**ア～エ**の図は，さまざ
まな音をマイクを通してオ
シロスコープで観察したも
のである。**ア～エ**の中で上
の図のおんさよりも高い音
を表しているものをすべ
て選び，記号で答えなさい。
ただし，軸の目盛りはすべ
ての図で同じとする。

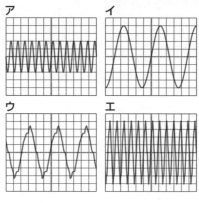

(2) 図**ア**，**イ**の音では，音の大きさが異なる。このような，空気を
伝わる音の大きさの違いは，空気の振動の何の違いによって生
じるか。漢字2文字で答えなさい。　　　　　　　　〔開成高－改〕

1 (13点×2－26点)

(1)	
(2)	

ワンポイント

(1)一定時間に振動する回
数が多いものほど，音
は高くなる。

2 [音の速さ] 空気中
を伝わる音の速さを
調べるために，たい
この音が校舎の壁で
反射し，たたいた地
点にもどってくるまでの時間を測定した。上の図のА点でたいこ
をたたいたときと，А点からさらに**35 m**離れたВ点でたいこを
たたいたときの結果をまとめると，表のとおりになった。この結
果から，空気中を伝わる音の速さは何**m/s**になるか求めなさい。
ただし，А点とВ点を結ぶ直線は，校舎の壁と垂直であるものと
する。　　　　　　　　　　　　　　　　　　　　　　　〔長　崎〕

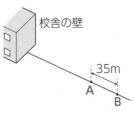

校舎の壁

35m

А
В

| | もどってくる
までの時間 |
|---|---|
| А点 | 0.50 秒 |
| В点 | 0.70 秒 |

2 (12点)

ワンポイント

35 m の間を往復するのに
要する時間の差は，表から
0.20 秒になっている。

3 [音の性質] 音の性質を調べるために，次の実験Ⅰ～Ⅲを行っ
た。これについて，あとの問いに答えなさい。
実験Ⅰ　おんさをたたき，水の入った水槽の水面におんさをふれ
させると，水しぶきが上がった。
実験Ⅱ　次ページの図1のような装置で，容器内の空気を真空ポ

ンプで抜いていくと，電子ブ
ザーの音が小さくなった。次
に容器のピンチコックを開け，
空気を容器内に入れると，電
子ブザーの音は大きくなった。

図1

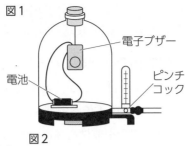

電子ブザー

電池

ピンチ
コック

実験Ⅲ　同じワイングラスを4
個用意し，図2のように水を入れ
た。この4個のワイングラスの飲
み口の部分を，同じ強さで軽くた
たき，音の高さを調べた。

図2

(1) 次の文は，実験Ⅰからわかったことを述べたものである。空所
　　にあてはまる語を書きなさい。

　　　水しぶきが上がったことから，おんさが □□□ しているこ
　　とがわかった。

記述式
(2) 実験Ⅱの結果からわかることを，「空気」と「音」の2つの語
　　を使って，簡潔に書きなさい。

(3) 実験Ⅲで，たたいたワイングラ
　　スのうち，音が最も高かったも
　　のはどれか。右のア～エから1
　　つ選び，記号で答えなさい。

〔高知－改〕

4 [音の振動数] 図1のように，モノ
コード，マイク，コンピュータを用い
て実験を行った。木片とXの間の弦の
中央をはじいて音を出し，その間の波
形をコンピュータで表示した。図2は，
そのときに表示された音の波形を示し
たものである。これについて，次の問いに答えなさい。

図1

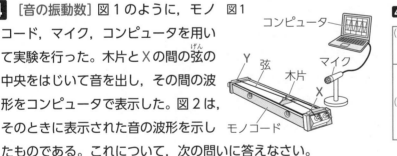

コンピュータ

Y　弦
　　木片
　　　X
マイク
モノコード

(1) 図2で示した波形の音の振動数は何Hzですか。ただし，図2
　　の横軸の1目盛りは0.0005秒を表し，図2の ◄──► で示し
　　た範囲の音の波形は，弦の1回の振動でできたものとする。

重要
(2) 木片の位置だけを変え，木片とXの間の弦の中央をはじいて「図
　　2で示した波形の音と比べて，大きさが同じで高い音」を出す
　　には，木片をX，Yのどちら側に動かせばよいか，記号で答え
　　なさい。また，「図2で示した波形の音と比べて，大きさが同
　　じで高い音」の波形を，図2に記入しなさい。　　　〔福岡－改〕

3 (12点×3－36点)

(1)	
(2)	
(3)	

┌─ ワンポイント ◄
│ (2) 空気を抜いていっても
│ 　　電子ブザーは鳴ってい
│ 　　る。
│ (3) 水ではなく，ワイング
│ 　　ラスが振動している。

4 ((1)8点，(2)9点×2－26点)

(1)		
(2)	記号	
	波形	(図に記入)

図2

Step **2** 標準問題②

解答▶別冊2ページ

1 [音の速さ] 夜空で打ち上げ花火が開き始めてから，5.0秒後に その音が聞こえた。見ている場所から打ち上げ花火が開き始めた 場所までの距離は何 km ですか。小数第1位まで求めなさい。た だし，音の速さを秒速 340 m とし，風の影響は考えないものとする。

〔鹿児島－改〕

1 (10点)

2 [音の性質] 音の性質を調べるために，次の実験を行った。

図1

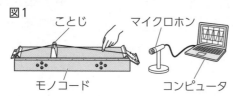

ことじ　マイクロホン
モノコード　コンピュータ

実験　図1のように，モノコード を使って，弦をはじいたときに 出た音をマイクロホンとコン ピュータで測定したところ，図 2のような波形がコンピュータ に表示された。

図2

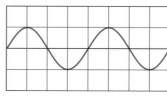

2 (10点×3－30点)

(1)

(2)

(3)

重要 (1) 図3は振動する弦のようすを模 式的に表したものである。図中 の $\updownarrow$ の範囲は，振動の幅を示し ている。これを何というか，漢字で答えなさい。

図3

(2) 次に，モノコードの弦を短くすると，音の高さが変化した。こ のことについての説明として正しいものはどれか。最も適当な ものを次の**ア～エ**から1つ選び，記号で答えなさい。

　ア 弦の振動数は少なくなり，そのため音は低くなった。

　イ 弦の振動数は多くなり，そのため音は低くなった。

　ウ 弦の振動数は少なくなり，そのため音は高くなった。

　エ 弦の振動数は多くなり，そのため音は高くなった。

(3) モノコードの弦を強くはじいたところ，コンピュータ に表示される波形が変化した。表示されるグラフはど のようなものか，最も適当なものを次の**ア～エ**から1 つ選び，記号で答えなさい。なお，縦軸は振動のふれ 幅を，横軸は時間を表しており，グラフの縦，横の1 目盛りの大きさは図2と同じである。

〔沖縄－改〕

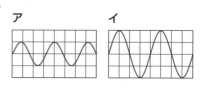

ア　　　　イ

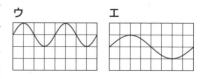

ウ　　　　エ

3 [音の性質] 図1のように，モノコードに弦（げん）を1本張り，コンピュータを使って音の実験を行った。ことじの左側の弦をはじくと，図2のような波形が表示され，次に，条件を変えてことじの左側の弦をはじくと音が高くなり，図3のような波形になった。次の問いに答えなさい。ただし，図2，図3の縦軸（たてじく），横軸の目盛りの間隔（かんかく）は同じで，横軸は時間を表している。

(1) 下線部において，条件を変えるために行った操作は何か。正しいものを次のア〜オからすべて選び，記号で答えなさい。

　　ア ことじを左側に動かした。

　　イ ことじを右側に動かした。

　　ウ 弦の張り方を強くした。

　　エ 弦の張り方を弱くした。

　　オ ことじの位置や弦の張り方は変えずに，弦をもっと強くはじいた。

(2) この実験からわかることについて，正しく述べたものを次のア〜エから1つ選び，記号で答えなさい。

　　ア 弦の振幅が小さいほど音が高くなる。

　　イ 弦の振幅が大きいほど音が高くなる。

　　ウ 弦の振動数が少ないほど音が高くなる。

　　エ 弦の振動数が多いほど音が高くなる。

重要 (3) モノコードの音は51m離れた地点でも聞こえた。音の伝わる速さを340m/sとすると，弦の振動がこの地点に伝わるまでに何秒かかりますか。　　〔鹿児島－改〕

3 (10点×3−30点)

(1)
(2)
(3)

図1

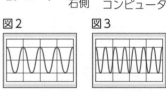
図2　　図3

ワンポイント
図2と図3のグラフは，音の振幅は同じだが，振動数が違（ちが）っている。

---

4 [音の性質] 図1のようなモノコードの弦から出た音を，マイクロホンでひろい，音の大きさや高さをコンピュータの画面に表す実験を行った。これについて，あとの問いに答えなさい。ただし，図1では弦を支えている木片（ことじ）を移動させることにより，振動する弦ABの長さを変えることができるものとする。

実験　ある長さに調節した弦ABの中央をふつうにはじいた。図2は，このときのコンピュータの画面を表したものである。ただし，画面の縦軸は音の振幅，横軸は時間を表している。

(1) 図2から，弦ABが1回振動するのに0.002秒かかることがわかった。このときの弦ABの振動数は何ヘルツ（Hz）ですか。

(2) 実験のときより，弦ABの長さを短くして弦ABの中央を強くはじくと，音の大きさ，高さはどうなりますか。　　〔長崎－改〕

4 (10点×3−30点)

(1)	
(2)	音の大きさ
	音の高さ

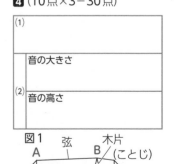
図1

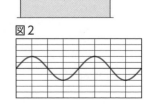
図2

3 力とそのはたらき

重要点をつかもう

1 力のはたらき

①物体を変形させる。②物体を支える。③物体の動きを変える。

2 いろいろな力

①ふれ合ってはたらく力：弾性の力，摩擦力，垂直抗力（抗力）など。②離れてもはたらく力：磁石の力，電気の力，重力など。

3 力の表し方

矢印で，**力の大きさ**（矢印の長さ），**作用点**（矢印の始点），**力の向き**（矢印の方向）を表す。

力の大きさ／力の向き／作用点
▲力の矢印

4 重 力

地球が，物体をその中心に向かって引く力。

5 力の単位（ニュートン〔N〕）

地球上で約 100 g の物体にはたらく重力と同じ大きさの力を 1 N という。

6 ばねの伸びと力

ばねに力を加えると，力の大きさに比例してばねが伸びる。これを**フックの法則**という。

7 重さと質量

物体にはたらく重力の大きさのことを重さといい，はかる場所が変わっても変化しない物体そのものの量を**質量**という。

8 2力のつりあい

1つの物体に2つの力が加わって動かないとき，その**2力はつりあっている**。このとき，①力の大きさが等しい。②向きが逆である。③同一直線上にある。

Step 1 基本問題

解答▶別冊3ページ

1 図解チェック⚡ 次の図の空欄に，適当な語句，数値を入れなさい。

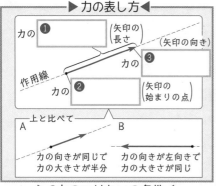

▶力の表し方◀

力の ❶（矢印の長さ）（矢印の向き）
力の ❸
作用線
力の ❷（矢印の始まりの点）

上と比べて
A　　　　　B
力の向きが同じで力の大きさが半分
力の向きが左向きで力の大きさが同じ

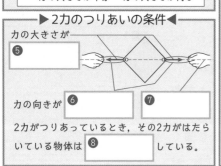

▶2力のつりあいの条件◀

力の大きさが ❺

力の向きが ❻　　❼

2力がつりあっているとき，その2力がはたらいている物体は ❽ している。

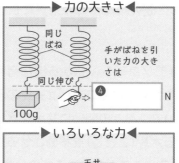

▶力の大きさ◀

同じばね
同じ伸び
100g
手がばねを引いた力の大きさは
❹ N

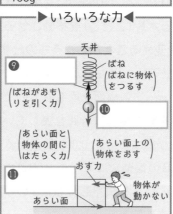

▶いろいろな力◀

天井
ばね（ばねに物体をつるす）
❾（ばねがおもりを引く力）
❿
あらい面と物体の間にはたらく力
❶❶
あらい面
あらい面上の物体をおす
おす力
物体が動かない

Guide

注意 **力の図示**
力の三要素である力の大きさ，作用点，力の向きを矢印で表す。矢印の長さは，力の大きさに比例させる。

ことば **ニュートン**
力の大きさの単位は，ニュートン(N)で示される。1 N は約 100 g の物体にはたらく重力の大きさに等しい。

注意 **いろいろな力**
①離れた物体間にはたらく力…磁石の力，電気の力，重力
②接した物体間にはたらく力…摩擦力，弾性力，張力，抗力

2 [力のつりあい] 右図のように，500 g のおもりを天井<ruby>天井<rt>てんじょう</rt></ruby>からひもでつるして静止させたとき，物体にはたらく力について，次の問いに答えなさい。

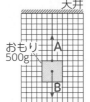

天井
おもり
500g

(1) A，B の力は，それぞれどのような力を表しているか，最も適当な組み合わせを，次の**ア〜エ**から選び，記号で答えなさい。　[　　　]

	Aの力	Bの力
ア	おもりがひもを引く力	おもりが地球を引く力
イ	おもりがひもを引く力	地球がおもりを引く力
ウ	ひもがおもりを引く力	おもりが地球を引く力
エ	ひもがおもりを引く力	地球がおもりを引く力

(2) おもりを 800 g のものに変えたとき，A，B の力はどのように表されるか。上の図を参考にして，最も適当なものを，図の**ア〜エ**から選びなさい。　[　　　]〔島根〕

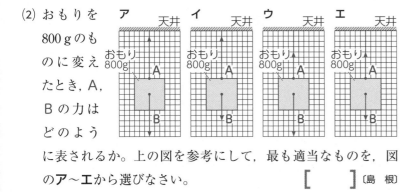

ア　イ　ウ　エ
天井
おもり
800g
A
B

3 [ばねののびと力] 次の実験について，あとの問いに答えなさい。

実験　右の図のようなつるまきばねに，いろいろな質量のおもりをつるして，おもりにはたらく力の大きさとばねの伸<ruby>伸<rt>の</rt></ruby>びを調べ，表の結果を得た。

おもりの質量〔g〕	0	20	40	60	80	100
おもりにはたらく力の大きさ〔N〕	0	0.2	0.4	0.6	0.8	1.0
ばねの伸び〔cm〕	0	1	2	3	4	5

ばねの伸び
おもり

(1) 質量 120 g のおもりをつるすと，ばねの伸びは何 cm になりますか。　[　　　]

(2) おもりにはたらく力の大きさと，ばねの伸びとの間には，どんな関係がありますか。　[　　の関係]

4 [重さと質量] 質量 150 g の物体の月面上での重さ〔N〕，および質量〔g〕はいくらですか。ただし，月面上で月が物体におよぼす重力は，地球上で地球が物体におよぼす重力の $\frac{1}{6}$ とする。

重さ [　　　]　質量 [　　　]

⚠ **注意** 物体に力がはたらくとき

物体に力がはたらくと，
①物体を変形させる。
②物体を支える。
③物体の動きを変える。
のいずれかが起こる。

💬 **ことば** 2力のつり合い

2力がはたらいている物体が静止しているときは，その2力はつりあっている。

🎓 **くわしく** フックの法則

弾性<ruby>弾性<rt>だんせい</rt></ruby>限界内では，物体にはたらく力 f と，これによる変形の大きさ x とは比例する。

$f = kx$

（ばねなどでは，加えた力に比例して長さが伸びる。k は比例定数）

💬 **ことば** 重さと質量

重さは，ばねばかりではかり，天体によって異なる。
質量は，物体そのものの量で，上皿てんびんではかり，天体によって異なることはない。
例えば，質量は，月面上でも地球上でも同じであるのに対して，重さは月面上では地球上の約 $\frac{1}{6}$ となる。

解答▶別冊3ページ

🗨重要 **1** [質量と重力の大きさ] おもり1個にかかる重力の大きさが3N

のおもりを使って実験を行った。次の問いに答えなさい。ただし，

月面上での重力の大きさは地球上の$\frac{1}{6}$とする。

(1) 地球上で，このおもりを図1のようにばねに

つるすと，ばねが6cm伸びた。月面上でこ

のおもりを同じばねにつるしたら，ばねの伸

びは何cmになるか。次の**ア〜オ**から1つ選

んで，その記号を書きなさい。

　ア 50cm　　**イ** 36cm　　**ウ** 6cm

　エ 3cm　　**オ** 1cm

図1

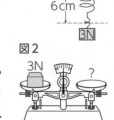

6cm

3N

(2) 月面上で，このおもりを，上皿てんびんを使っ

てはかったとすると，何gの分銅とつりあう

か。次の**ア〜オ**から1つ選んで，その記号を

書きなさい。

　ア 1800g　　**イ** 600g　　**ウ** 300g　　**エ** 150g　　**オ** 50g

図2

3N

?

(3) 上の2つの実験から，測定場所が変わっても，変化しない物質

そのものの量を何といいますか。　　　　　　　　　　　〔沖 縄〕

1 (7点×3−21点)

(1)

(2)

(3)

ワンポイント

(1) 重力は，ばねばかりで

はかり，月面上と地球

上では異なる。月面上

では，ばねの伸びは，

地球上の$\frac{1}{6}$になる。

2 [力のつりあい] 次の文を読み，あとの問

いに答えなさい。

　図1のようになめらかな机の上にいろい

ろな形の厚紙を水平に置き，厚紙の両側に

軽い糸をつけ，それぞれに水を入れて質量

を500gにしたペットボトルA，Bをつるす。

ただし，厚紙は変形しないものとし，机と

厚紙および机と糸の間の摩擦，および糸の質量は考えないものと

する。また，質量100gの物体にはたらく重力を1Nとする。

図1

A　B

(1) 手をはなし

ても厚紙が

回転せずに

図2

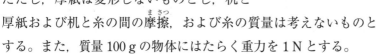

糸から厚紙に加わる力がつりあうのは，図2の**ア〜エ**のどの場

合か。すべて選び，記号で答えなさい。

(2) 図1において，厚紙のかわりに，図3のように，同じばねば

かりを2つつないで水平に置き，図1と同じようにペットボト

2 (10点×2−20点)

(1)

(2)

ワンポイント

(1) 2力がつりあうためには，

力の大きさは等しく，向

きは反対で，同一直線上

になければならない。

ルＡ，Ｂをつるした。このとき，ばねばかりＣ 図3
の読みは何Ｎか，答えなさい。　〔国立工業高専〕

---

3 [ばねの伸びと力] 2種類のばねＡ，Ｂを用意し，それぞれ図1
のように，ばねに1個20gのおもりをいくつかつるし，おもり
の質量とばねの伸びを調べた結果，図2のグラフのようになった。
100gの物体にはたらく重力の大きさが1Ｎに等しいとして，次
の問いに答えなさい。

図1 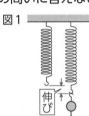　　図2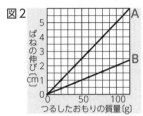

(1) ばねの伸びとつるしたおもりの質量には，どんな関係がありま
すか。

記述式 (2) ばねＡとばねＢは，どちらが伸びにくいばねですか，書きなさ
い。また，そのように考えた理由を説明しなさい。

(3) ばねＢの伸びが3cmであったとき，ばねＢには何Ｎの力が加
わっていますか。
〔富山−改〕

3 (6点×4−24点)

(1)	
	ばね
	理由
(2)	
(3)	

ワンポイント
原点を通る直線のグラフ
は，比例の関係である。グ
ラフの傾きの違いが，ばね
Ａ，Ｂののびの違いになる。

要り **4** [物体を引っ張る力] 右の図で，物体Ｍの
質量は3kgであり，滑車の反対側には，8Ｎ
のおもりＢがとりつけられている。これにつ
いて，次の問いに答えなさい。ただし，100g
の物体にはたらく地球の重力の大きさを1Ｎ
として計算しなさい。

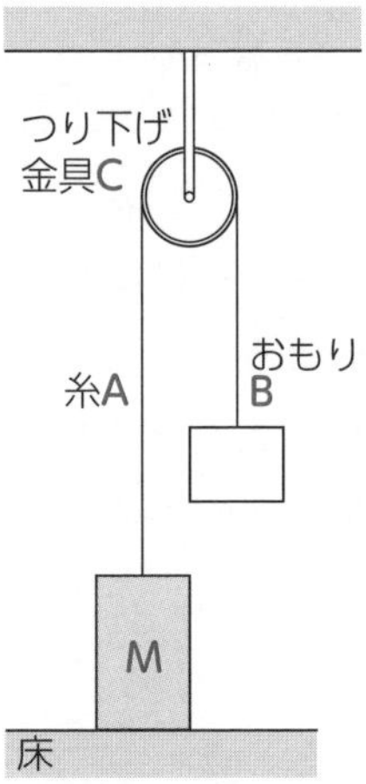

(1) 物体Ｍにはたらく，地球の重力の大きさは
何Ｎですか。

(2) 糸Ａが，物体Ｍを引き上げる力は，何Ｎ
ですか。

(3) 床が，物体Ｍをおし上げる力は，何Ｎですか。

(4) 物体Ｍが，ちょうど床の面から離れるようにするためには，お
もりＢにさらに質量がいくらのおもりをとりつければよいです
か。

(5) 物体Ｍが，ちょうど床の面から離れたとき，つり下げ金具Ｃに
かかる下向きの力は，何Ｎですか。

つり下げ
金具Ｃ
おもり
Ｂ
糸Ａ
Ｍ
床

4 (7点×5−35点)

(1)	
(2)	
(3)	
(4)	
(5)	

ワンポイント
(3) 床が物体Ｍをおし上げ
る力は，物体Ｍにはた
らく重力−糸Ａが物体
Ｍを引き上げる力とな
る。

Step **2** 標準問題②

時間	合格点	得点
30分	70点	点

解答▶別冊3ページ

1 [おもりにかかる重力の大きさとばねばかり] 同じ重さのおもり数個とばねばかりを用意した。おもりを4個ばねばかりにつるすと6Nを示した。次の問いに答えなさい。

(1) さらに，おもりを1個追加すると，ばねばかりの示す値（あたい）はいくらになりますか。

(2) このばねばかりを月面に持っていき，同じ実験をすると，おもりが4個のとき，このばねばかりが示す値はいくらになりますか。ただし，月面上で月が物体におよぼす重力は，地球上で地球が物体におよぼす重力の $\frac{1}{6}$ とする。

(3) おもり4個を月面上で上皿てんびんを使ってはかると，何gの分銅とつりあいますか。

1 (10点×3−30点)

(1)
(2)
(3)

■ワンポイント■
(2) 月面上ではおもりにかかる重力は $\frac{1}{6}$ になるので，ばねの伸び（の）は $\frac{1}{6}$ になる。

2 [磁石（じしゃく）にはたらく力] 磁石にはたらく力を調べた次の実験について，あとの問いに答えなさい。

実験　質量が40gで，形や大きさ，磁力（じりょく）が等しく，2つの平らな面がそれぞれN極とS極になっている円盤型（えんばんがた）の磁石A，B，Cを用意した。図1のように，ガラスの水平な台の上に円柱形のガラスの筒を垂直に立て，磁石Aの上に磁石Bが浮いて静止するように入れた。また，図2のように，図1の磁石Bの上に，磁石Cが浮いて静止するように入れたところ，磁石Bが動き，図1に比べて，磁石Aと磁石Bの間隔（かんかく）が狭（せま）くなった。図1，図2は，それらを真横から見たものである。ただし，磁石とガラスとの間に摩擦力（まさつ）ははたらかないものとする。

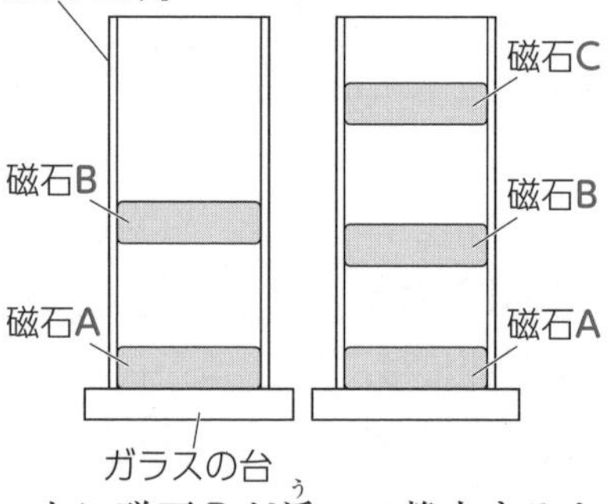

図1
ガラスの筒
磁石B
磁石A

図2
磁石C
磁石B
磁石A

ガラスの台

(1) 図1で，磁石Bが磁石Aから受ける力を，右の図3に力の矢印で表しなさい。ただし，図の点Pをこの力の作用点として矢印を描（か）くものとし，図の1目盛りを0.1Nの力の大きさとする。

図3
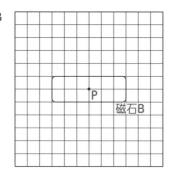
P
磁石B

2 (10点×3−30点)

(1)
（図3に記入）
(2)
(3)

■ワンポイント■
(1) 図1では，磁石Bは，磁石Aから上向きの力を受けている。
力の図示では，矢印のはじまりを作用点に一致させ，矢印の向きを力の向きに一致させる。そして矢印の長さは，力の大きさに比例させる。

(2) 図2で，磁石A，B，Cの極の向きについて，正しく述べているものを，次の**ア〜エ**から1つ選び，記号で答えなさい。

ア 磁石A，B，Cの極の向きはすべて同じである。

イ 磁石Aの極の向きだけが逆である。

ウ 磁石Bの極の向きだけが逆である。

エ 磁石Cの極の向きだけが逆である。

記述式 (3) 実験で，下線部のようになったことから，磁石Bに新たに力が加わったことがわかる。この力にふれ，磁石Bが動いた理由を説明しなさい。ただし，磁石Aと磁石Cがたがいにおよぼし合う力は考えないものとする。
〔宮城−改〕

ワンポイント

(2)，(3)図2では，磁石Bに，磁石Cからの力がはたらいている。

3 [測定値とグラフ] 下の表は，ばねにつるしたおもりの重さとばねの伸びとの関係を調べるために，実験を行って得た測定値である。ばねの伸びの測定値の中に1か所だけ読み間違いがあった。次の問いに答えなさい。

測定の順番	1	2	3	4	5	6	7
おもりの重さ〔N〕	0	0.2	0.5	0.7	1.1	1.3	1.6
ばねの伸び〔cm〕	0.0	1.6	4.1	5.6	6.7	10.3	12.8

(1) 測定結果を，右の図にグラフで表しなさい。

(2) (1)のグラフから判断して，間違っていた測定値は何番目の測定値か書きなさい。

3 (8点×2−16点)

(1)
（図に記入）

(2)

ワンポイント

測定値をグラフ上に点で打ち，点と点を見通して線で結び，グラフの傾向を判定する。

4 [ばねの伸びと力の大きさ] 2本のばねA，Bがある。図1は，この2本のばねにおもりをつるしたときのばねの長さとおもりにはたらく力の大きさの関係を示したものである。次の問いに答えなさい。

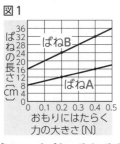

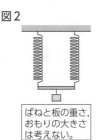

ばねと板の重さ，おもりの大きさは考えない。

(1) ばねA2本を図2のようにつなぎ，それぞれのばねの長さを14cmにした。おもりにはたらく力の大きさは何Nですか。

(2) ばねB2本を図2のようにつなぎ，おもりにかかる力の大きさを0.6Nにすると，ばね1本の長さは何cmになりますか。

(3) ばねAとBを図2のようにつなぎ，板が水平になるように，1.0Nの力を加えると，ばねAの長さは何cmになりますか。
〔崇徳高−改〕

4 (8点×3−24点)

(1)

(2)

(3)

ワンポイント

図1より，ばねA，ばねBのばねの伸びと力の大きさをつかむ。ばねAは0.2Nでばねの伸びは4cmとなり，0.1Nで2cm伸びることがわかる。

Step 3 実力問題

時間 30分　合格点 70点　得点　点

解答▶別冊4ページ

1 次の実験について、あとの問いに答えなさい。(6点×4-24点)

実験　光学台に物体(F字型の穴をあけた厚紙)、凸レンズ、スクリーンを直線上に並べて実験を行った。図1に示すように、凸レンズの位置は動かさずに、物体をa～dのそれぞれの位置に置いたときの、物体のはっきりした像がうつる凸レンズとスクリーンの距離と像のようすを調べた。

図1

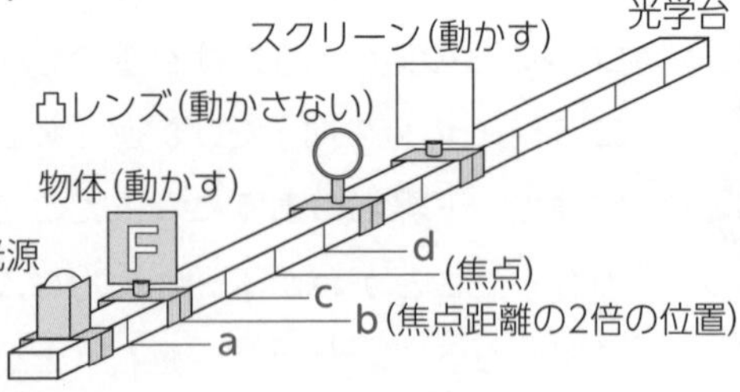

(1) 図2に示した3本の——→は、図1のbの位置に置いた物体から出た光の進む道筋を途中まで示したものである。その後、光はそれぞれどのように進むか、光の進む道筋を————で描き加えなさい。

図2

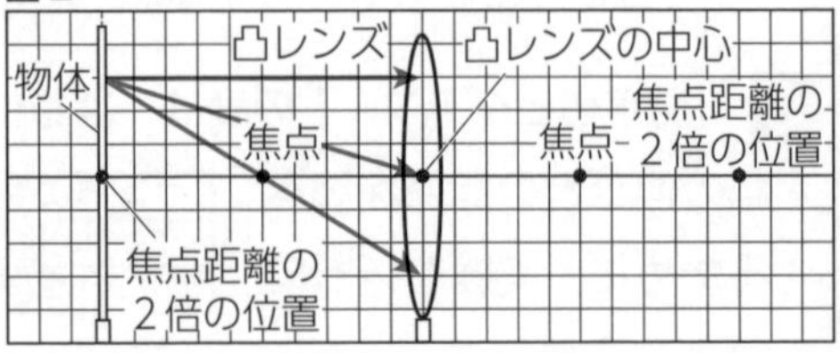

(2) 物体を図1のcの位置に置いて、スクリーンに物体のはっきりした像をうつしたときのスクリーンにうつる像の大きさと、凸レンズとスクリーンの距離は、物体を図1のaの位置に置いたときに比べると、それぞれどのようになるか、簡単に書きなさい。

(3) 物体を図1のdの位置に置くと、凸レンズを通して虚像が見える。虚像に関係することがらについて述べたものはどれか、次のア～エから1つ選び、記号で答えなさい。

ア カメラで、物体の写真をとる。　イ ルーペで、花を拡大して観察する。
ウ 光ファイバーで情報を送る。　エ 虫眼鏡で、日光を1点に集める。

(1)(図2に記入)	(2)	大きさ	距離	(3)

〔三重-改〕

2 図1のように、モノコードの弦をはじき、マイクを通してコンピュータの画面に表示された音のようすを調べた。図2と図3は、図1における2種類の音のようすをそれぞれ横軸を時間、縦軸を振動の幅としてグラフで模式的に表したものである。図2と図3は、ともに横軸の1目盛りが0.002秒である。また、図2、図3中の◀——▶で示した範囲の波の形は弦の1回の振動で生じたものであり、図2では弦が4回振動したときのようすを表している。次の問いに答えなさい。(13点×2-26点)

(1) 図2で表された音を出している弦が160回振動するのに要する時間で、図3で表された音を出している弦が振動する回数はいくらですか。

(2) 図2で表された音を出している弦の振動数は何Hzですか。

図1 コンピュータ マイク はじいて振動させる部分 モノコード

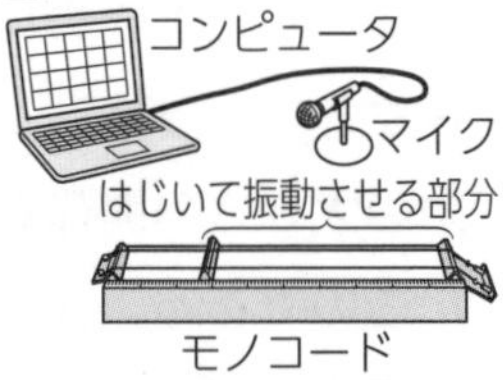

図2

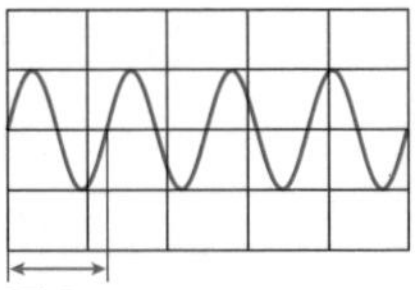

図3

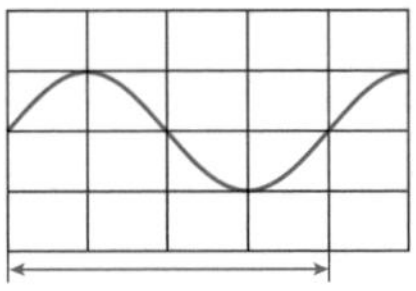

(1)	(2)

〔大阪-改〕

3 図1のようにばねばかりにおもりを1個，2個，3個，……とつるしていき，ばねの長さとおもりの重さの関係を調べたら，図2のようになった。これについて，次の問いに答えなさい。ただし，ばね自身の重さは考えないものとし，100gの物体にはたらく重力は1Nとする。(10点×4−40点)

図1
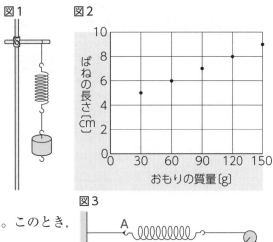
図2

図3

(1) おもりをつるしていないときのばねの長さは何cmになりますか。

(2) このばねに240gのおもりを静かにつるした。このとき，ばねの長さは何cmになりますか。

(3) このばねに図3のように150gのおもりを静かにつるしたら，ばねは伸びて静止した。このとき，ばねは何cm伸びましたか。

(4) 図3のA点で，ばねに加わっている力の大きさと向きを正しく表しているのはどれか。次のア〜キから1つ選び，記号で答えなさい。

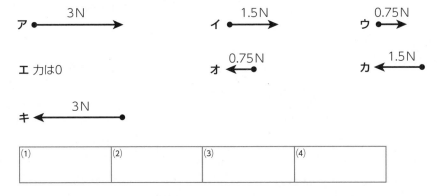

ア　3N

イ　1.5N

ウ　0.75N

エ　力は0

オ　0.75N

カ　1.5N

キ　3N

(1)	(2)	(3)	(4)

〔沖縄−改〕

4 和也さんは図のように，滑車Aを使ってひもを引き，質量6kgの荷物Xを1.5m持ち上げた。荷物Xが持ち上げられた状態で静止しているとき，和也さんがひもを引く力の大きさは何Nですか。ただし，質量100gの物体にはたらく重力の大きさを1Nとし，ひもと滑車の質量やひもの伸び，ひもと滑車の摩擦は考えないものとする。(10点)

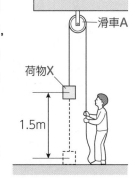

〔和歌山−改〕

ヒント
4 荷物Xの質量と和也さんがひもを引く力の大きさは等しい状態である。

4 身のまわりの物質

重要点をつかもう

1 物質と物体

形，大きさ，使う目的など，外形に着目した場合のものを**物体**といい，物体をつくっている材料のことを**物質**という。

コップ（物体）

ガラス（物質） 紙（物質）

2 金属

みがくと，金属特有のかがやきが見られる（**金属光沢**），電気を通すなどの特徴がある。

3 密度

1 cm³ あたりの物質の質量のこと。（単位：g/cm^3）

4 有機物

炭素を含み，燃えると**二酸化炭素**を出す。

Step 1 基本問題

解答▶別冊4ページ

1 図解チェック⚡ 次の図の空欄に，適当な語句を入れなさい。

▶物質の性質を調べる方法◀

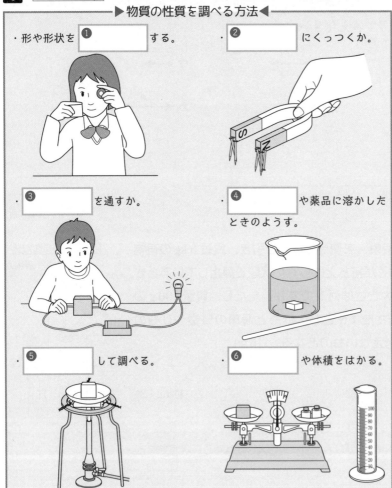

・形や形状を ① する。

② にくっつくか。

・③ を通すか。

④ や薬品に溶かしたときのようす。

・⑤ して調べる。

⑥ や体積をはかる。

Guide

注意 **物質の区別**
物体として同じようでも材料である物質は違うものがある。ここでは，物質で区別する。

ことば **金属と非金属**
金属の表面には塗装されているものがあるので，みがいてみると，金属光沢が見られる。
ガラス，紙，木，ゴムなどは，金属に対し非金属という。

ことば **無機物**
食塩，鉄，ガラスなど，有機物以外の物質を無機物という。

くわしく **無機物と有機物の区別**
加熱をすることで二酸化炭素を発生するかどうかが無機物と有機物の区別方法の１つである。

2 [実験器具の使い方] 図1の
ようにして，物体Ｘの体積を測
定した。物体Ｘを入れる前に水
の体積を測定すると，**67.0 cm³**
だった。図２は，図１の一部を
拡大したものである。次の問い
に答えなさい。

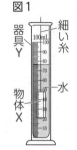

図1

図2

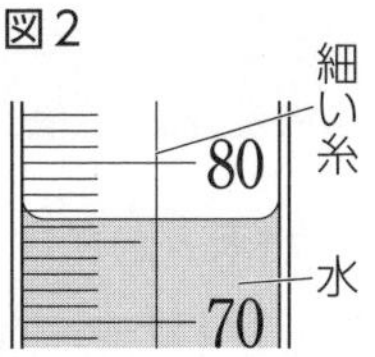

図1の70cm³から80cm³
までの部分を，液面と
同じ高さから見て，模
式的に表している。

(1) 図１の器具Ｙは何とよばれているか。その名称を書きなさい。

[　　　　　　　　　]

(2) 物体Ｘの体積は何 cm³ か。次の**ア～エ**から，物体Ｘの体積と
して最も適当なものを選び，記号で答えなさい。　　[　　　]

ア 9.5 cm³

イ 10.5 cm³

ウ 76.5 cm³

エ 77.5 cm³

〔愛 媛〕

3 [金 属] 次の５つの金属について，次の問いに答えなさい。

(1) 同じ体積のとき，最も重くなる金
属はどれですか。

[　　　　]

物質	密度〔g/cm³〕
金	19.32
鉛	11.35
銀	10.50
アルミニウム	2.70
鉄	7.87

(2) 同じ質量のとき，最も体積が大き
くなる金属はどれですか。

[　　　　]

(3) 次の文のうち，表内の５つの金属にすべてあてはまる特徴に
は〇を，１つの金属のみにあてはまる特徴には，その金属の物
質名を答えなさい。

① 光沢がある。　　　　　　　　　 [　　　　]

② 磁石にくっつく。　　　　　　　 [　　　　]

③ 電気を通す。　　　　　　　　　 [　　　　]

④ 水に沈む。　　　　　　　　　　 [　　　　]

4 [密 度] 395 g で 50 cm³ の鉄，400 g で 200 cm³ のゴムがある。
これについて，次の問いに答えなさい。

(1) 鉄の密度はいくらですか。　　　　　　 [　　　　]

(2) ゴムの密度はいくらですか。　　　　　 [　　　　]

注意 メスシリンダーの使
い方

水平な台の上に置く。

目の位置を液面と同じ高さに
して目盛りを読む。水やエタ
ノールの場合，液面の最もへ
こんだ部分の目盛りを読む。

メスシリンダーの目盛りは，
最小目盛りの$\frac{1}{10}$までを目分量
で読む。図に示すと，次のよ
うになる。

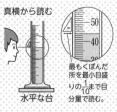

真横から読む

最もくぼんだ
所を最小目盛
りの$\frac{1}{10}$まで目
分量で読む。

水平な台

くわしく 金属の特徴

みがくと，金属特有
の光沢がある，電気や熱をよ
く通す，たたくとうすく広が
る，引っぱると細くのびる，
などの特徴がある。

磁石にくっつくのは，鉄，ニッ
ケルなどに見られる特徴で，
金属の特徴ではない。

注意 水の密度

水の密度は 1 g/cm³
であるから，それより大きい
物質は水に沈む。

ことば 密 度

密度〔g/cm³〕

$= \dfrac{物質の質量〔g〕}{物質の体積〔cm³〕}$

Step 2　標準問題 ①

	時間	合格点	得点
	30分	70点	点

解答▶別冊5ページ

1 [物質の区別] 3 種類の白い粉末X，Y，Zがあり，砂糖，食塩，デンプンのいずれかであることがわかっている。これらを見分けるために，下のⅠ〜Ⅲの実験を行い，結果を表のようにまとめた。次の問いに答えなさい。

実験 Ⅰ それぞれ少量の粉末をとり，ペトリ皿の上にのせた。これらに，ヨウ素液を数滴（すうてき）たらし，色の変化を確かめた。

　　 Ⅱ アルミニウムはくをかぶせた燃焼（ねんしょう）さじに，それぞれ少量の粉末をとり，それぞれをガスバーナーで加熱して，反応のようすを観察した。

　　 Ⅲ Ⅱで燃えることが確認できた粉末を，新たに燃焼さじに少量とり，右の図のように石灰水を入れた集気びんの中で燃やした。火が消えたところで燃焼さじをとり出し，集気びんにふたをした後，よくふって石灰水の変化を観察した。

(1) 実験結果から考えると，X，Y，Zはそれぞれ何か。右の表のア〜エから最も適当な組み合わせを選び，記号で答えなさい。

	X	Y	Z
実験Ⅰ	変化しなかった	青紫色になった	変化しなかった
実験Ⅱ	黒くこげて燃えた	黒くこげて燃えた	燃えなかった
実験Ⅲ	白く濁った	白く濁った	

	X	Y	Z
ア	砂糖	食塩	デンプン
イ	食塩	デンプン	砂糖
ウ	デンプン	砂糖	食塩
エ	砂糖	デンプン	食塩

(2) 有機物には必ず含（ふく）まれている物質で，実験Ⅱと実験Ⅲの結果から，XとYに共通して含まれていることがわかる物質を答えなさい。

〔山梨－改〕

1 (10点×2－20点)

(1)

(2)

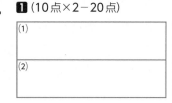
石灰水

2 [液体の密度] メスシリンダーとてんびんを用いて，液体A〜Eの体積とその質量を調べた。次の問いに答えなさい。

(1) 図1は，Aをメスシリンダーに入れたときの液面付近のようすを拡大したものである。体積はいくらになるか，最も適切なものを次のア〜エから選び，記号で答えなさい。

ア 50.0 cm³　　イ 50.2 cm³　　ウ 51.0 cm³　　エ 51.2 cm³

図1

2 (13点×2－26点)

(1)

(2)

(2) 図2は，調べたA～Eの体積と質量の関係をグラフに表したものである。B～Eの中にAと同じ密度の液体が1つあった。Aと同じものはどれか，B～Eから1つ選び，記号で答えなさい。　〔青森－改〕

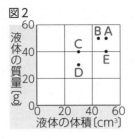
図2

ワンポイント
(2) 同じ密度のものは，原点を通る同一直線上にある。

3 [実験器具の使い方] 右の図はガスバーナーの模式図である。ガスバーナーを使うとき，次の手順①，手順②のあとに続けて行う□□□中の操作の手順として，最も適するものをあとのア～クから1つ選び，記号で答えなさい。

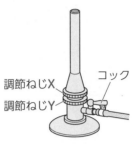
調節ねじX　コック
調節ねじY

3 (9点)

手順① 調節ねじX，調節ねじYが閉まっていることを確認する。
手順② ガスの元栓を開いてコックを開ける。

```
a 調節ねじXを回して空気を適切な量にする。
b 調節ねじYを回して空気を適切な量にする。
c 調節ねじXを回してガスを適切な量にする。
d 調節ねじYを回してガスを適切な量にする。
e マッチに火をつけてからガスを少しずつ出し，上から点火する。
f マッチに火をつけてからガスを少しずつ出し，下から点火する。
```

ア e→b→c　イ e→a→d　ウ e→c→b　エ e→d→a
オ f→b→c　カ f→a→d　キ f→c→b　ク f→d→a

〔神奈川－改〕

4 [物体の密度] A～Jの10個の物体の体積と質量をはかると，右の図のようになった。次の問いに答えなさい。

(1) Bと同じ物質からできていると考えられるものをすべて選び，記号で答えなさい。

(2) A～Jの物体の中で，水に浮くものをすべて選び，記号で答えなさい。

重要 (3) 物体Bの密度を求めなさい。答えは小数第2位を四捨五入して，小数第1位まで求めなさい。

(4) 物体Eの体積を2倍すると，質量は何gになり，どの物体と等しくなりますか。

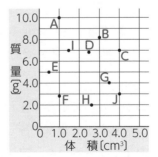

4 (9点×5－45点)

(1)

(2)

(3)

(4) 質量

物体

1 [てんびんの使い方] 図1は上皿てんびん，図2は電子てんびんの使い方を表している。次の問いに答えなさい。

(1) 図1について，次の①
～④にあてはまる言葉
を入れなさい。

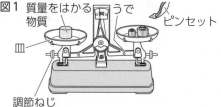
図1　質量をはかる　うで　ピンセット
物質
皿
調節ねじ

・上皿てんびんを使う
前に，上皿てんびん
は　①　な場所に置き，針が適切に振れるために，　②　で
調節する。

・上皿てんびんで質量をはかるときには，片方の皿にははかり
たい物質をのせ，もう片方の皿には物質より少し　③　くな
るように　④　をのせる。

記述式
✎ (2) 図1について，針がどのようになったら，つり合ったといえ
るか。簡潔に述べなさい。

(3) 図2について，次のA
にあてはまる言葉を入
れなさい。

図2　薬包紙　はかりたいもの
0.00 g　　1.60 g

電子てんびんを使う
とき，薬包紙や皿を乗せた　A　に表示が0.00 gとなるよう
にする。

1 (6点×6－36点)

	①	②
(1)	③	④
(2)		
(3)		

2 [身のまわりの物質] 次の問いに答えなさい。

ア 金	イ パソコン	ウ 食塩	エ アルミニウム
オ ガラス	カ タイヤ	キ 鉄	ク エタノール
ケ 砂糖	コ アルミ缶		

(1) 物体であるものを，ア～コからすべて選んで答えなさい。

(2) 物質であるものを，ア～コからすべて選んで答えなさい。

(3) 物質であるものの中から金属であるものを，ア～コからすべて
選んで答えなさい。

記述式
✎ (4) 金属であるものはどのような性質をもつか，簡潔に述べなさい。

(5) 物質であるものの中から有機物であるものを，ア～コからすべ
て選んで答えなさい。

記述式
✎ (6) 有機物は燃やすとどのような特徴を示すか，簡潔に述べなさい。

2 (5点×6－30点)

(1)	
(2)	
(3)	
(4)	
(5)	
(6)	

📒 ワンポイント
ものを材料によって区別す
るときの名称を物質という。

3 [実験器具の使い方] 図は，ガスバーナーにオレンジ色の炎がついているようすを模式的に表したものである。ガスの量は変えずに，オレンジ色の炎を青色の炎に調節するには，どのような操作をすればよいか。次の**ア**～**エ**のうちから最も適当なものを1つ選び，記号で答えなさい。ただし，XとYは，ガスバーナーのガス調節ねじと空気調節ねじのいずれかを示したものである。

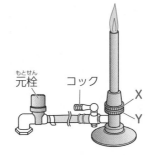

元栓　コック

ア Yをおさえて，Xだけを少しずつ閉じる(しめる)。
イ Yをおさえて，Xだけを少しずつ開く(ゆるめる)。
ウ Xをおさえて，Yだけを少しずつ閉じる(しめる)。
エ Xをおさえて，Yだけを少しずつ開く(ゆるめる)。

〔千葉－改〕

3 (14点)

第1章
第2章
第3章
第4章
総仕上げテスト

4 [密度] 図1のように，水 300 cm³ を入れたビーカー，エタノール 300 cm³ を入れたビーカー，密度が等しい2つのポリエチレン片を用意

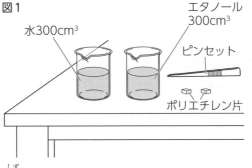

図1
水300cm³
エタノール300cm³
ピンセット
ポリエチレン片

し，液体中の物体の浮き沈みについて，調べることにした。これについて，次の問いに答えなさい。

　ただし，20℃における密度は，水が 1.00 g/cm³，エタノールが 0.79 g/cm³，用いたポリエチレン片が 0.95 g/cm³ である。

(1) 20℃において，エタノール 300 cm³ の質量は何 g か，求めなさい。
(2) 図2のように，20℃において，ポリエチレン片を水とエタノールの中にそれぞれ入れて，静かにはなした。このときのポリエチレン片の浮き沈みについて述べた文として，正しいものを次の**ア**～**エ**から1つ選び，記号で答えなさい。
　ア 水にも，エタノールにも沈む。
　イ 水には沈むが，エタノールには浮く。
　ウ 水には浮くが，エタノールには沈む。
　エ 水にも，エタノールにも浮く。

〔山口－改〕

4 (10点×2－20点)
(1)
(2)

図2

5 気体とその性質

重要点をつかもう

1 気体の区別

密度，**色**，**におい**，**溶解度**などで区別する。

2 気体の捕集法

上方置換法(水に溶けやすく，空気より軽い)，**下方置換法**(水に溶けやすく，空気より重い)，**水上置換法**(水に溶けにくい)がある。

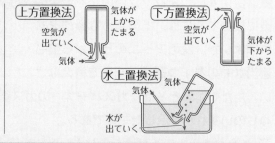

性質＼種類	酸 素	二酸化炭素	窒 素	水 素	アンモニア
色	なし	なし	なし	なし	なし
におい	なし	なし	なし	なし	刺激臭
空気の密度より	少し大きい	大きい	少し小さい	非常に小さい	小さい
水への溶け方	ほとんど溶けない	少し溶ける(酸性)	ほとんど溶けない	ほとんど溶けない	非常によく溶ける(アルカリ性)
気体の集め方	水上置換法	下方置換法(水上置換法)	水上置換法	水上置換法	上方置換法
その他の性質	ものを燃やすはたらきがある	石灰水を白く濁らせる	空気の約80%を占める	燃えて水ができる	有害な気体

Step 1 基本問題

解答▶別冊5ページ

1 図解チェック⚡ 次の図の空欄に，適当な語句を入れなさい。

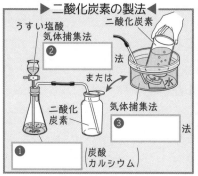

▶二酸化炭素の製法◀

うすい塩酸

気体捕集法 ②___法

二酸化炭素

または

二酸化炭素

気体捕集法 ③___法

① ___(炭酸カルシウム)

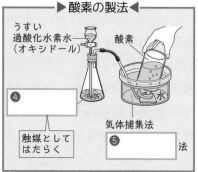

▶酸素の製法◀

うすい過酸化水素水(オキシドール)

酸素

④___

触媒としてはたらく

気体捕集法 ⑤___法

▶水素の製法◀

うすい塩酸

水素

⑥___(鉄，マグネシウムなど)

気体捕集法 ⑦___法

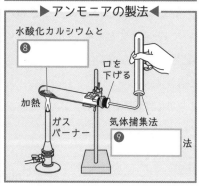

▶アンモニアの製法◀

水酸化カルシウムと

⑧___

口を下げる

加熱

ガスバーナー

気体捕集法 ⑨___法

Guide

⚠ **気体の捕集法**

水に溶ける気体は，水上置換法で集めることができない。空気より軽い気体は上にあがり，重い気体は下にさがる。

🎓 **気体の特殊な性質**

①**アンモニア**…塩化水素と反応し，塩化アンモニウムの白煙を生じる。

②**塩化水素**…水溶液に硝酸銀水溶液を加えると白い沈殿が生じる。(塩化水素の水溶液を塩酸という。)

③**二酸化炭素**…石灰水に通じると炭酸カルシウムの白い沈殿が生じる。

2 ［気体の発生装置と捕集方法］図1の
ように，塩化アンモニウムと水酸化カル
シウムの混合物が入った試験管を加熱し，
発生したアンモニアを乾いたフラスコに
集めた。このアンモニアが入ったフラス
コを使って図2のような装置をつくり，
ビーカーの水にはフェノールフタレイン
液を数滴加えた。スポイトを使いフラス
コ内に少量の水を入れると，ビーカーの
水が吸い上げられて，ガラス管の先から
赤色に変化しながら噴き出した。これに
ついて，次の問いに答えなさい。

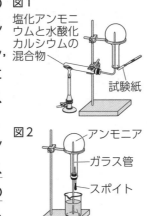

図1
塩化アンモニウムと水酸化カルシウムの混合物
試験紙

図2
アンモニア
ガラス管
スポイト
フェノールフタレイン液を加えた水

(1) 図1のような気体の集め方を何というか。その方法名を書き
なさい。 ［　　　　　　　］

(2) 図1で，フラスコ内にアンモニアが集まったことを確かめる
試験紙として最も適当なものを選びなさい。 ［　　　　　］
　　ア 水でぬらした赤色リトマス紙　　イ 水でぬらした青色リトマス紙
　　ウ 石灰水を染みこませたろ紙　　　エ 乾いた塩化コバルト紙

(3) 下線部の現象を説明した次の文の［　］に適語を入れなさい。
　　アンモニアがフラスコ内の水に［ ① ］，フラスコ内の圧力が
　　［ ② ］，水が吸い上げられた。
　　　　　　① ［　　　　　　］　② ［　　　　　　］　〔長崎〕

3 ［気体の発生装置と捕集方法］右の図
は，酸素を発生させる実験装置の図で
ある。次の問いに答えなさい。

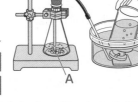

B
A

(1) 黒色の粉末Aと水溶液Bはそれぞれ
何ですか。　　A ［　　　　　　　］
　　　　　　　　B ［　　　　　　　］

(2) この実験で，Aはそれ自身化学変化をしないが，これを使う
ことによっていっそう酸素の発生がさかんになる。このよう
なはたらきをするものを何とよびますか。 ［　　　　　　］

(3) 酸素の捕集に図のような方法が使われるのは，酸素にどのよ
うな性質があるからですか。 ［　　　　　　］
　　ア 水に溶けやすい　　　イ 水に溶けにくい
　　ウ 空気より重い　　　　エ 空気より軽い

注意 **二酸化マンガンのはたらき**
二酸化マンガンは触媒としてはたらいている。
触媒とは，自分自身は変化せず，反応をはやくしたり，おそくしたりする物質をいう。

ことば **酸素**
酸素自身は燃えないが，他の物質が燃えるのを助けるはたらきがあるため，火のついた線香や木炭を酸素中に入れると炎を上げて激しく燃える。

ことば **水素**
水素は，火をつけると炎を上げて燃える気体であるが，他の物質を燃やすはたらきはない。酸素と混じった状態のものに火をつけると爆発が起こり，水ができる。

くわしく **塩素**
黄緑色をした刺激臭のある気体で，空気より重い。きわめて毒性が強く，殺菌，漂白作用がある。

注意 **アンモニアによる噴水**
アンモニアは水に非常によく溶けるため，フラスコ内の圧力が下がり，水が吸い上げられて起こる現象である。

ひと休み **空気の成分**
（体積比）
窒素　78%
酸素　21%
その他　1%

時間 30分 　合格点 70点 　得点 点

解答 ▶ 別冊6ページ

1 [気体の性質と捕集] 表のA〜Dは，水素，酸素，二酸化炭素，アンモニアのいずれかの気体である。表から，気体Aは空気よりも非常に軽く水に溶けにくい気体であることがわかる。このことを参考に，次の問いに答えなさい。 〔沖縄－改〕

表　気体の密度の比と水への溶け方（20℃のとき）

性質　　　　気体	A	B	C	D
空気を1としたときの密度の比	0.07	0.60	1.53	1.11
水1 cm³ にとける気体の体積〔cm³〕	0.019	740	0.935	0.033

(1) 気体Aを集めるのに最も適当な方法を次のア〜ウから1つ選び，記号で答えなさい。

　ア 上方置換　　イ 下方置換　　ウ 水上置換

(2) 気体Dについて，次の問いに答えなさい。

　①気体Dを発生させる方法として最も適当なものを次のア〜エから2つ選び，記号で答えなさい。

　　ア 酸化銀を加熱する。

　　イ 炭酸水素ナトリウムを加熱する。

　　ウ 鉄にうすい塩酸を加える。

　　エ 二酸化マンガンにオキシドール(うすい過酸化水素水)を加える。

　②気体Dを集めるのに最も適当な方法を次のア〜ウから1つ選び，記号で答えなさい。

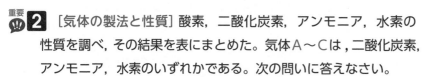

ア　　　　　イ　　　　ウ

1 (6点×3−18点)

(1)	
(2)	①
	②

重要 2 [気体の製法と性質] 酸素，二酸化炭素，アンモニア，水素の性質を調べ，その結果を表にまとめた。気体A〜Cは，二酸化炭素，アンモニア，水素のいずれかである。次の問いに答えなさい。

(1) 次のア〜エのうち，気体Cを発生させるために必要な薬品の組み合わせとして，適当なものを1つ選び，記号で答えなさい。

気体	におい	同じ体積の空気と比べた重さ	水への溶けやすさ
酸素	なし	少し重い	溶けにくい
A	なし	非常に軽い	溶けにくい
B	なし	重い	少し溶ける
C	あり	軽い	非常に溶けやすい

2 (7点×2−14点)

(1)	
(2)	

ア　塩化アンモニウムと水酸化カルシウム

イ　亜鉛とうすい塩酸

ウ　石灰石とうすい塩酸

エ　二酸化マンガンとうすい過酸化水素水

(2) 次の空欄にあてはまる最も適当な言葉を書きなさい。

　　気体Aは，一般に□□□置換法で集める。　　　　〔愛媛－改〕

3 [気体の製法と性質] 次のA～Eの気体について，あとの問いに答えなさい。

　　A　窒素　　　B　水素　　　C　酸素　　　D　アンモニア

　　E　二酸化炭素

(1) 次の文は，どの気体について述べたものか，A～Eの記号で答えなさい。

　　① この気体の水溶液にフェノールフタレイン液を入れると赤くなる。

　　② この気体でふくらませたシャボン玉は高く上がっていき，点火するとポッと燃える。

　　③ 炭酸水素ナトリウムを加熱したときに，発生してくる気体である。

　　④ 空気の約80％はこの気体である。

　　⑤ この気体の中では，針金も激しく燃える。

(2) B～Eの気体を発生させるのに必要な物質を，下のア～キよりそれぞれ2つずつ選び，記号で答えなさい。

　　ア　亜鉛　　　　　　　イ　二酸化マンガン

　　ウ　石灰石　　　　　　エ　水酸化カルシウム

　　オ　過酸化水素水　　　カ　塩酸

　　キ　塩化アンモニウム

(3) B～Eの気体を(2)で答えた物質を使って発生させるとき，右の図のア～エのどの方法を用いるか，記号で答えなさい。

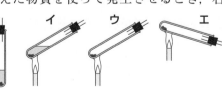

(4) B，Dの気体の捕集方法を右の図のオ～キより選び，選んだ理由も書きなさい。

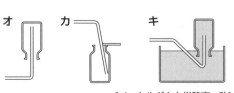

〔ノートルダム女学院高－改〕

3 (4点×17－68点)

(1)	①	②
	③	④
	⑤	

(2)	B	C
	D	E

(3)	B	C
	D	E

(4)	B　捕集方法	
	理由	
	D　捕集方法	
	理由	

ワンポイント

(3) 固体の物質を加熱するときは，発生した水によって試験管が破損するおそれがあるので，□を少し下げておく。

31

Step 2 標準問題②

解答▶別冊7ページ

1 [気体の性質] 気体の性質について，次の問いに答えなさい。

図1

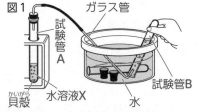

ガラス管
試験管A
試験管B
貝殻
水溶液X
水

(1) 図1のように，試験管Aで二酸化炭素を発生させ，試験管Bに水上置換で集めた。

①次の**ア～エ**のうち，試験管Aに入れた水溶液Xはどれか，1つ選んで記号を書きなさい。

　ア 砂糖水　　**イ** うすい塩酸

　ウ うすい水酸化ナトリウム水溶液

　エ オキシドール(うすい過酸化水素水)

🖊記述式 ②図1で，ガラス管からはじめに出てくる気体は集めずに，しばらくしてから出てくる気体を集めた。その理由を，「はじめに出てくる気体には」に続けて書きなさい。

③試験管Bに集めた気体が二酸化炭素であることを，次のように確かめた。Yにあてはまる液体の名まえを書きなさい。

　試験管Bに ☐ Y ☐ を加えてふると，☐ Y ☐ が白く濁った。

重要(2) 図2のように，アンモニアを集めた試験管を，水が入った容器に入れ，ゴム栓をとったところ，図3のように，試験管の中に水が吸い込まれていった。このことから，アンモニアにはどのような性質があるといえるか，書きなさい。

〔秋田-改〕

図2　　試験管　　図3
アンモニア
容器
水　　ゴム栓

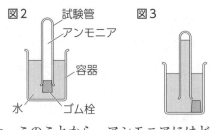

2 [気体の捕集] 次の①，②，③，④の気体を発生させるための物質をA群から，略記された実験装置をB群から，それぞれ選んで記号で答えなさい。

① 酸素　　② 水素　　③ アンモニア　　④ 二酸化炭素

A群　a 硫黄と鉄

　　　b 塩化アンモニウム

　　　c 大理石と希塩酸

　　　d 亜鉛と希硫酸

　　　e 二酸化炭素と硫黄

1 ((1)3点×3, (2)5点-14点)

(1)	①
	②
	③
(2)	

ワンポイント
(1) ②試験管の中にはもともと空気が入っている。

2 (4点×8-32点)

①	A
	B
②	A
	B
③	A
	B
④	A
	B

　　f　塩化アンモニウムと水酸化カルシウム

　　g　過酸化水素水と二酸化マンガン

B群

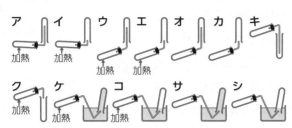

ア　イ　ウ　エ　オ　カ　キ

加熱　加熱　　加熱　加熱

ク　ケ　コ　サ　シ

加熱　　加熱　加熱

要 **3** [アンモニア・酸素の性質] アンモニアと酸素に関して，次の問いに答えなさい。

(1) アンモニアは，□□□と水酸化カルシウムを用いて発生させることができる。□□□に適する物質名を書きなさい。

(2) この方法でアンモニアを得るとき，発生方法を図の**ア〜ウ**から，捕集(ほしゅう)方法を図の**エ〜カ**から，それぞれ1つずつ選び，記号で答えなさい。

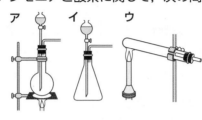

ア　イ　ウ

エ　オ　カ

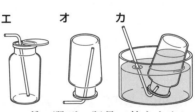

記述式 (3) (2)の捕集方法を選んだ理由を簡潔に書きなさい。

(4) アンモニアの入った試験管の口に濃塩酸(のう)をつけたガラス棒を近づけると，どのような変化が観察されますか。

(5) 酸素は，うすい□□□を二酸化マンガンに注ぐ(そそ)と発生する。□□□に適する物質名を書きなさい。

(6) この方法で酸素を得るとき，発生方法を図の**ア〜ウ**から，捕集方法を図の**エ〜カ**から1つずつ選び，記号で答えなさい。

(7) (5)の二酸化マンガンは，それ自身は変化せず，酸素の発生をはやめる役割をしている。このような物質を何というか。漢字2字で答えなさい。

(8) 酸素とある気体の混合気体に火を近づけると，激しく反応して爆発(ばくはつ)する。ある気体とは何ですか。

(9) (8)の反応の結果できる物質は何か。次の**ア〜エ**から選び，記号で答えなさい。

　　ア 二酸化炭素　　　**イ** 水

　　ウ 塩酸　　　　　　**エ** エタノール

3 (6点×9 ((2)・(6)は完答) −54点)

(1)	
(2)	発生方法
	捕集方法
(3)	
(4)	
(5)	
(6)	発生方法
	捕集方法
(7)	
(8)	
(9)	

ワンポイント

アンモニアは水によく溶け空気より軽い。

酸素は水に溶けにくく空気より重い。

【　　月　　日】

Step 3 実力問題①

解答▶別冊7ページ

1 二酸化炭素について調べるために，図の実験装置を用いて，三角フラスコに入れた石灰石にうすい塩酸を加え，二酸化炭素を発生させて，水で満たしておいた試験管に集めた。二酸化炭素が発生しはじめてすぐに出てきた気体を1本目の試験管に集め，続けて出てきた気体を2本目の試験管に集めた。このことについて，次の問いに答えなさい。(9点)

三角フラスコ
水で満たしておいた試験管
うすい塩酸
石灰石
水

(1) 図のような気体の集め方を何というか，その名称を書きなさい。(3点)

記述式
(2) 集めた気体が入った2本の試験管のそれぞれに火のついた線香をしばらく入れると，1本目の試験管の中では線香の火がしばらくついていたあとに消え，2本目の試験管の中では線香の火がすぐに消えた。1本目の試験管の中では線香の火がしばらくついていたのはなぜか，その理由を簡単に書きなさい。(6点)

(1)	(2)	

〔三重一改〕

重要
2 アンモニアの性質を調べるために，次の実験を行った。これについて，あとの問いに答えなさい。(14点)

実験 アンモニアが入ったフラスコを用い，図のような装置をつくった。次に，水の入ったスポイトを用いてフラスコの中に少量の水を入れると，水槽内のフェノールフタレイン液を加えた水がガラス管を上り，フラスコ内で噴水が観察された。

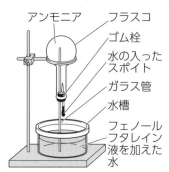

アンモニア
フラスコ
ゴム栓
水の入ったスポイト
ガラス管
水槽
フェノールフタレイン液を加えた水

(1) アンモニアを発生させるときの集め方として適切なものを，次のア～ウから選び，記号で答えなさい。(3点)

　ア 上方置換法

　イ 下方置換法

　ウ 水上置換法

記述式
(2) アンモニアのにおいを確かめるとき，どのような方法が適切か，書きなさい。(5点)

記述式
(3) 下線部について，この現象はアンモニアのある性質のために起こっている。それはどのような性質か，書きなさい。(6点)

(1)	(2)	
(3)		

〔群馬一改〕

3 次の①～⑤の気体がある。その性質について，あてはまるすべての性質を下のア～セからすべて選び，記号で答えなさい。(7点×5－35点)

① アンモニア　　② 酸素　　③ 水蒸気　　④ 水素　　⑤ 二酸化炭素

ア 空気中で燃える。　　　　　**イ** 空気の約1.5倍の重さである。

ウ 空気よりも軽い。　　　　　**エ** 石灰水を白く濁らせる。

オ 鼻をさすような激しいにおいをもつ。　　**カ** 冷えると水になる。

キ 非常に水に溶けやすい。　　　**ク** 物質の中でいちばん軽い。

ケ 水に少し溶ける。

コ 水に溶けると，その液はアルカリ性を示す。

サ 水に溶けると，その液は酸性を示す。

シ 水に溶けにくい。　　　　　**ス** 燃えると水ができる。

①	②	③	④	⑤

4 5種類の気体A～Eがある。これらの気体について，次の問いに答えなさい。(42点)

A 水素　　B 酸素　　C 窒素　　D アンモニア　　E 二酸化炭素

(1) 下の表はこれらの気体の性質についてまとめたものである。①～⑤の気体は，それぞれどれか。A～Eからそれぞれ1つずつ選び，記号で答えなさい。(5点×5－25点)

①	水に溶けにくい。	化学変化を起こしにくい気体。	空気中に最も多く含まれる。
②	水に少し溶ける。	水溶液は酸性を示す。	空気より重い。
③	水に溶けにくい。	物質を燃焼させるはたらきがある。	空気より少し重い。
④	水に溶けにくい。	空気中でよく燃焼する。	非常に軽い。
⑤	水によく溶ける。	水溶液はアルカリ性を示す。	空気より軽い。

(2) 右の図のような方法で気体を集める場合，最も適当である気体をA～Eから選び，記号で答えなさい。(5点)

(3) 貝殻を塩酸に加えると発生する気体の性質は，(1)の表の①～⑤のどれか。番号で答えなさい。(4点)

(4) 石灰水に通じると白く濁らせる気体をA～Eから選び，記号で答えなさい。(4点)

(5) 塩酸を近づけると白い煙を生じる気体をA～Eから選び，記号で答えなさい。(4点)

(1)①	②	③	④	⑤	(2)	(3)

(4)	(5)

〔日大豊山女子高－改〕

★★★★★★★★★★★★★★★★★★★★★★★★★★★★★★★★★★★★★★★

1 (2)2本目の試験管は二酸化炭素で満たされていたので，線香の火はすぐに消えた。

3 水蒸気は，液体の水が気体になったものである。

4 (2)空気より軽く，水に溶けやすい気体の捕集法である。

6. 水溶液

重要点をつかもう

1 溶質と溶媒

溶質とは，溶液に溶けている物質で，固体だけでなく液体や気体もある。**溶媒**とは，物質を溶かす液体で，水やアルコールなど。

2 水溶液

溶媒が水の溶液のことを**水溶液**という。

3 水溶液の濃度

水溶液の質量に対する溶質の質量の割合〔%〕で表す。（質量パーセント濃度という。）

$$質量パーセント濃度〔\%〕 = \frac{溶質の質量}{溶液の質量} \times 100 = \frac{溶質の質量}{(溶媒の質量+溶質の質量)} \times 100$$

4 溶解度

水100gに溶ける物質の質量。

5 飽和水溶液

溶質が水に溶けるだけ溶けた水溶液。

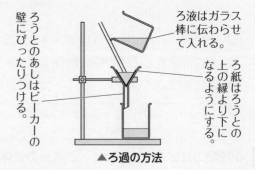

ろ液はガラス棒に伝わらせて入れる。

ろうとのあしはビーカーの壁にぴったりつける。

ろ紙はろうとの上の縁より下になるようにする。

▲ろ過の方法

Step 1 基本問題

解答▶別冊8ページ

1 図解チェック⚡ 次の図の空欄に，適当な語句，数値を入れなさい。

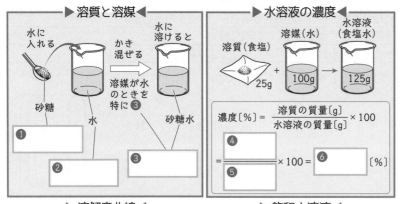

▶溶質と溶媒◀

水に入れる

砂糖

かき混ぜる

溶媒が水のときを特に ❸

水に溶けると

砂糖水

❶

❷

❸

▶水溶液の濃度◀

溶質（食塩） 溶媒（水） 水溶液（食塩水）

25g + 100g → 125g

$$濃度〔\%〕 = \frac{溶質の質量〔g〕}{水溶液の質量〔g〕} \times 100$$

$$= \frac{❹}{❺} \times 100 = ❻ 〔\%〕$$

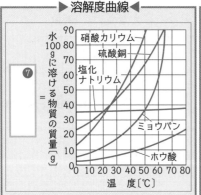

▶溶解度曲線◀

硝酸カリウム
硫酸銅
塩化ナトリウム
ミョウバン
ホウ酸

水100gに溶ける物質の質量〔g〕

❼

温度〔℃〕

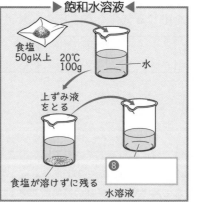

▶飽和水溶液◀

食塩50g以上

20℃ 100g

水

上ずみ液をとる

食塩が溶けずに残る

❽

水溶液

Guide

注意 **溶解度の変化**

いろいろな物質の溶解度は，ふつう温度が上昇すると大きくなる。しかし，水酸化カルシウムや気体は，温度が上昇すると溶解度は小さくなる。

注意 **溶質と溶媒**

溶媒に溶ける物質を**溶質**という。固体だけでなく液体や気体の場合もある。
物質を溶かす液を**溶媒**という。水だけでなくアルコール，エーテルなどの有機物もある。

2 [実験器具] 次に示すのは科学実験によく使用される実験器具である。あとの問いに答えなさい。

  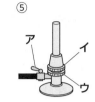

① ② ③ ④ ⑤

(1) ①〜④の器具の名称を書きなさい。

① [   ] ② [   ]
③ [   ] ④ [   ]

(2) ⑤を使うために点火したところ、炎が赤くなってしまった。正しく使用するために、次の説明を完成させなさい。ただし、a には図中の**ア〜ウ**の記号が入る。

[a   ] を調節して [b   ] を入れ、炎が青色になるようにする。

〔大阪体育大浪商高〕

3 [濃度と溶解度] 右のグラフはホウ酸と食塩の水 100 g に溶ける限度の質量と温度との関係を示したものである。次の問いに答えなさい。

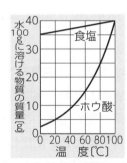

(1) このような曲線を何といいますか。

[   ]

(2) 60℃で、ホウ酸を水 100 g に限度まで溶かした水溶液の濃度は何%か、四捨五入して整数で求めなさい。 [   ]

(3) 80℃で食塩 50 g をすべて溶かすには、少なくとも何 g の水が必要か、四捨五入して整数で求めなさい。 [   ]

(4) 80℃で、ホウ酸 50 g を限度まで溶かした水溶液の温度を 20℃まで下げると、何 g の結晶が出てきますか。[   ]

(5) (4)のようにして、結晶をつくる方法を何といいますか。

[   ]

(6) 下の図は、ろ紙を使って溶液中にできた結晶をとり出す操作を示している。正しい操作を**ア〜オ**から選び、記号で答えなさい。 [   ]

ア 結晶 ろ紙　イ　ウ　エ　オ

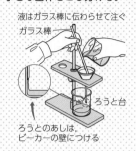

ことば　ろ過
液体に混じっている小さな固体をこし分ける。

液はガラス棒に伝わらせて注ぐ
ガラス棒
ろうと台
ろうとのあしは、ビーカーの壁につける

ことば　飽和水溶液
溶質が水に溶けるだけ溶けた水溶液。
水の温度によって、その溶ける量は変化する。

注意　溶解時の体積と質量
溶液の体積は、一般に溶質の体積と溶媒の体積の和にならない。（一般の和より小さい体積になるものが多い。）
溶液の質量は、溶質の質量と溶媒の質量との和である。

ことば　再結晶
飽和水溶液の温度を下げると、溶けていた溶質を結晶としてとり出すことができる。この方法を再結晶という。
結晶をとり出す方法としては、水分を蒸発させる方法もある。

ひと休み　ピーピーエム（ppm）
ごくわずかしか含まれていない物質の濃度を表すのに用いる。
全体に対して 100 万分の 1 を 1 ppm として表す。
例えば、1 m³ の空気中に 1 cm³ の気体が混じっているとき、1 ppm という。

1 [加熱のしかた] 次の(1)～(3)は，加熱するときの注意事項を示したものである。

正しい物には○印を，まちがっているものには×印をつけなさい。また，まちがっている所には＿＿をひき，正しく訂正（ていせい）しなさい。

(1) 液体のみを試験管に入れて加熱するときは，液量は試験管の $\frac{1}{4}$ 程度にし，試験管を少し傾（かたむ）けて固定する。このとき，試験管の口は人がいないほうに向ける。

(2) 蒸発皿を用いて，液体を加熱して蒸発乾固（かんこ）させるときは，液体が完全に蒸発してしまう少し前に火をとめ，その後は余熱で乾（かわ）かす。

(3) 固体の薬品を試験管に入れて加熱するときは，試験管の口のほうを少し下げて固定する。これは，試験管の口のあたりに生じた水滴（すいてき）が，加熱している部分に流れ落ちて試験管が割れるのを防ぐためである。

1 (11点×3－33点)

(1)

(2)

(3)

ワンポイント

固体の物質を加熱すると，水が発生すると考えられる物質では，試験管の口のほうを少し下げておく。

2 [濃度（のうど）と溶解度（ようかいど）] 右下図は，物質Ａ，物質Ｂをそれぞれ100gの水に溶（と）かして飽和水溶液（ほうわすいようえき）にするときの，水に溶ける物質の質量と水の温度との関係を表したグラフである。これに関して，次の実験を行った。あとの問いに答えなさい。ただし，ある温度で水に対して溶かすことのできる物質の質量は，水の質量に比例する。

実験1 27.0℃の水を150g用意し，ビーカーに入れた。この温度を保ちながら，物質Ａを少しずつ加え，よくかき混ぜ完全に溶かし，飽和水溶液をつくった。

実験2 質量パーセント濃度が10％の物質Ｂの水溶液200gを入れたビーカーを用意し，**実験1**と同じ温度にした。この温度を保ちながら，物質Ｂを少しずつ加え，よくかき混ぜ完全に溶かし，飽和水溶液をつくった。

(1) **実験1**で，この水に溶ける物質Ａの最大の質量は何gになりますか。

(2) **実験2**で，質量パーセント濃度が10％の物質Ｂの水溶液200gを飽和水溶液にするために追加した物質Ｂの質量は何gか。次の**ア**～**エ**のうちから最も適当なものを1つ選び，記号で答えなさい。

ア 44.8g　**イ** 52.0g　**ウ** 64.8g　**エ** 72.0g　〔千葉－改〕

2 (12点×2－24点)

(1)

(2)

ワンポイント

(1)ある物質を，ある温度で水に溶かしたとき，それ以上溶解しなくなったものを飽和水溶液という。

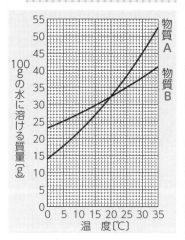

3 [溶解度曲線] ホウ酸，ミョウバン，硫酸銅，硝酸カリウムの溶解度を調べる実験を行った。20℃の水が40gずつ入った4個のビーカーに，それぞれホウ酸8.0g，ミョウバン12g，硫酸銅16g，硝酸カリウム4.0gを加え，ゆっくりとあたため，20℃ごとに物質が水に溶けたかどうかを調べた。下の表は，その結果をまとめたものである。このことについて，あとの問いに答えなさい。

	20℃	40℃	60℃	80℃
水40gとホウ酸8.0g	×	×	×	○
水40gとミョウバン12g	×	×	○	○
水40gと硫酸銅16g	×	○	○	○
水40gと硝酸カリウム4.0g	○	○	○	○

○：全部溶けた　×：溶け残りがあった

重要
(1) この実験で，ホウ酸水溶液が最も濃いのは，何℃のときか。次の**ア～オ**から1つ選び，記号で答えなさい。

ア 20℃　　**イ** 40℃　　　**ウ** 60℃　　**エ** 80℃

オ すべて同じ

(2) 図1は，この実験で用いた4種類の物質の溶解度のグラフである。ホウ酸の溶解度を表しているグラフはどれか。図1の中の**ア～エ**から1つ選び，記号で答えなさい。

図1

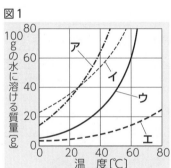

(3) ミョウバンが全部溶けたあと，その溶液の温度をゆっくり下げると，ミョウバンの固体が出てきた。その固体を観察すると，図2のような規則正しい形をしていることがわかった。このような規則正しい形をした固体を何というか，書きなさい。

図2

記述式
(4) この実験の硝酸カリウム水溶液では，20℃まで温度を下げても硝酸カリウムの固体をとり出すことはできないが，水溶液を加熱し続けるととり出すことができる。このように，水溶液を加熱すると固体がとり出せるのはなぜですか。

(5) 硝酸カリウムとは異なり，ホウ酸をすべて溶かした溶液では，温度を下げると結晶が出てくる。このようにして結晶をつくる方法を何といいますか。　　　　　　　〔高知－改〕

3 ((1)～(3)8点×3，(4)11点，(5)8点－43点)

(1)	
(2)	
(3)	
(4)	
(5)	

ワンポイント

(1) 溶質の質量は，水に溶けている物質の質量である。

(4) 溶解度曲線の傾きが大きいものは，水溶液の温度を下げると固体がとり出せるが，傾きが小さいものは，水分を蒸発させて固体をとり出す。

【　　月　　日】

時間	合格点	得点
30分	70点	点

解答▶別冊9ページ

1 [水溶液の濃度] 水溶液の濃度について，次の問いに答えなさい。

(1) 水 85 g に食塩を 15 g 溶かすと，何 % の食塩水ができますか。

(2) 食塩 30 g を用いて，15 % の食塩水をつくる。何 g の水に溶かせばよいですか。

(3) 20 % の食塩水が 70 g ある。10 % の食塩水にするには，何 g の水を加えればよいですか。

(4) 20℃の水 100 g に砂糖を溶けるだけ溶かした水溶液の濃度は何 % か，小数第 1 位を四捨五入して整数で求めなさい。ただし，砂糖の 20℃での溶解度は 204 とする。

1 (7点×4−28点)

(1)
(2)
(3)
(4)

2 [溶解度] 右の図は，硝酸カリウム，ミョウバン，食塩のそれぞれについて，100 g の水に溶ける質量と温度の関係を表したグラフである。次の問いに答えなさい。

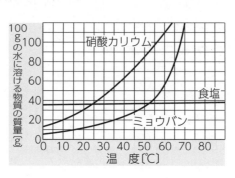

(1) 水を 100 g 入れたビーカーに，ミョウバンを 80 g 入れて 20℃に保ち，よくかき混ぜたところ，溶けきらずにビーカーの底に残った。このことについて，

　①物質がそれ以上溶けることのできなくなった状態の水溶液を何というか，書きなさい。

　②ビーカーを加熱すると，ある温度に達したときにすべてのミョウバンが溶けた。このときの温度を書きなさい。

(2) 水を 100 g 入れた 3 つのビーカーに，同じ質量の硝酸カリウム，ミョウバン，食塩をそれぞれ別に入れて 60℃に保ち，よくかき混ぜたところ，それぞれのビーカーの中の物質はすべて溶けきった。3 つのビーカーを 10℃まで冷やしたところ，2 つのビーカーでは固体が出てきたが，残りの 1 つのビーカーでは変化が見られなかった。次のア〜エから，ビーカーに入れた物質の質量として考えられるものを 1 つ選び，記号で答えなさい。

　ア 5 g　　イ 15 g　　ウ 30 g　　エ 50 g

記述式
(3) 図からわかる，食塩の溶け方の特徴を簡潔に書きなさい。

〔群　馬〕

2 (6点×4−24点)

(1)	①
	②
(2)	
(3)	

ワンポイント
(2) 10℃の水 100 g に溶ける物質の質量をグラフから読みとる。
食塩は約 35 g まで溶けることに注意する。

要 **3** [溶解度・再結晶] 右のグラ
フは水の温度と水 100 g に溶け
る各物質の溶解度の関係を示し
ている。次の問いに答えなさい。

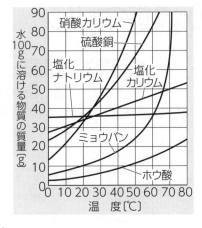

(1) 50℃で，溶解度がいちばん大
きい物質は何ですか。

(2) 60℃で，硫酸銅が限度まで溶
けている水溶液の質量パー
セント濃度を小数第1位を四
捨五入して整数で求めなさい。

(3) 硝酸カリウムは，20℃の水 100 g に 32 g 溶ける。60℃の水
50 g に 50 g 溶けている硝酸カリウムの水溶液を 20℃まで冷や
すと，何 g の結晶が出てきますか。

(4) (3)のようにして，結晶をとり出す方法を何といいますか。

(5) (4)の方法でとり出したミョウバンの結晶はどれか，次の**ア**〜**オ**
から選び，記号で答えなさい。

ア　　　　**イ**　　　　**ウ**　　　　　　**エ**　　　　**オ**

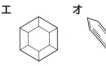

3 (6点×5−30点)

(1)	
(2)	
(3)	
(4)	
(5)	

ワンポイント
(3) 硝酸カリウムは，60℃の
水 50 g に 50 g 以上溶け
る。

4 [再結晶・濃度] 硝酸カリウムの溶け
方について，次の実験を行った。右の
図は硝酸カリウムの溶解度を示したグ
ラフである。これについて，あとの問
いに答えなさい。ただし，①〜③をと
おして水の量に変化はなかった。

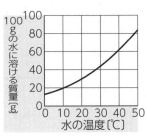

実験　①100 g の水が入ったビーカーを，ガスバーナーで加熱し
て，水の温度を 50℃にした。

　②56 g の硝酸カリウムを①の水に完全に溶かした。

　③②の水溶液を 20℃まで冷やすと，ビーカーの底に硝酸カリウ
ムの結晶が出てきた。

(1) ②の水溶液の質量パーセント濃度は何％か，求めなさい。答え
は小数第1位を四捨五入して整数で書きなさい。

(2) ②，③のようにして，水に溶けていた物質を結晶としてとり出
すことを何というか，書きなさい。

(3) ③のとき，ビーカーの底に出てきた硝酸カリウムの質量は，約
何 g ですか。

〔山梨−改〕

4 (6点×3−18点)

(1)	
(2)	
(3)	

ワンポイント
水溶液の質量は 156 g にな
り，溶質の質量は 56 g で
ある。

7 物質の状態変化

🎯 重要点をつかもう

1 状態変化
物質は，**固体↔液体↔気体**と変化する。

2 状態変化と体積・質量
一般に，固体→液体→気体の順に**体積**は大きくなるが，**質量**は変化しない。

3 沸点と融点
液体が沸騰して気体になる温度を**沸点**といい，固体がとけて液体になる温度を**融点**という。

4 蒸留
液体を加熱し沸騰させ，出てくる気体を冷やして，**再び液体にしてとり出す方法**。

Step 1 基本問題

解答▶別冊9ページ

1 図解チェック⚡ 次の図の空欄に，適当な語句，数値を入れなさい。

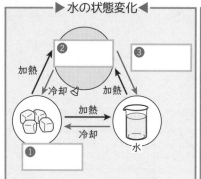

▶水の状態変化◀

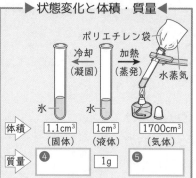

▶状態変化と体積・質量◀

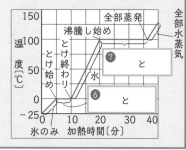

▶水の状態変化と温度◀

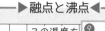

▶融点と沸点◀

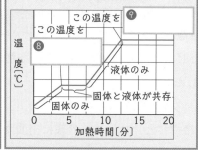

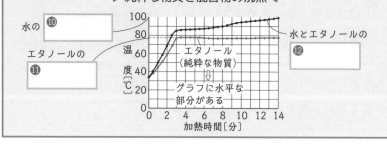

▶純粋な物質と混合物の沸点◀

Guide

水の状態変化
水は，固体の氷から液体の水に，液体の水から気体の水蒸気に変化する。

水の体積と質量
水は，固体のほうが液体よりわずかに体積が大きい。

混合物
見かけは1つの物質でできているようであっても，2種類以上の物質が含まれているようなものを混合物という。
例として，水は純粋な物質であるが，食塩水，砂糖水は混合物である。

混合物の沸点
純粋な物質では，沸点は一定になり，グラフに水平な部分ができるが，混合物では，沸点は一定にならない。

2 [状態変化] 右の図は，物質の状態変化を模式的に示したものである。次の問いに答えなさい。

```
        ┌─── ア ───┐
      固体 ←──────→ 液体
        └─── イ ───┘
         \ ウ エ   オ カ /
          \    気体    /
```

(1) 矢印で示されている状態変化のうち，冷やしたときに起こる状態変化はどれか。図の**ア〜カ**からすべて選び，記号で答えなさい。 [   ]

(2) ドライアイスを空気中に放置したときに起こる状態変化はどれか。図の**ア〜カ**から選び，記号で答えなさい。 [   ]〔佐賀〕

3 [水の融点と沸点] 次の実験について，あとの問いに答えなさい。

実験1 ある量の水をビーカーにとって加熱していき，温度変化のようすを観察した。

実験2 ある量の水を試験管に入れ，それを冷やした。

(1) **実験1**で，液体の水が気体の水蒸気になるときの温度を何といいますか。 [   ]

(2) 右の図は，**実験2**の冷却時間と温度変化の関係を表したものである。冷却しはじめてから15分後，試験管の中の物質のすがたはどのようになっているか。最も適当なものを次の**ア〜オ**から選び，記号で答えなさい。

ア 固体のみ　　**イ** 液体のみ
ウ 気体のみ　　**エ** 固体と液体　　**オ** 液体と気体

[   ]〔福井－改〕

要❗4 [混合物の分離] エタノール4 cm³と水20 cm³を混合した液と沸騰石を，右の図のように枝付きフラスコに入れおだやかに加熱し，試験管にたまった液体を，順に約3 cm³ずつ3本集めた。次の問いに答えなさい。

(1) このように，液体を沸騰させて出てきた気体を冷やし，再び液体にして集める方法を何といいますか。 [   ]

(2) エタノールが最も多く含まれている試験管は，3本集めた試験管の中では何本目ですか。 [   ]〔長崎－改〕

第1章
第2章
第3章
第4章
総仕上げテスト

ことば **物質の状態**
①固体…一定の体積と形をもっていて，外から力が加わったとき，もとの形を保とうとして，手ごたえを示す。
②液体…一定の体積はもつが，形を保つことはできず，容器にふれない面は水平になる。
③気体…体積や形を一定に保つことはできず，どこまでも広がっていく。また，温度によって体積変化が起こりやすい。

注意 **物質の状態変化と温度**
純粋な物質が，ある状態から別の状態に変化する間は，物質の温度は一定である。

ことば **沸騰石**
液体を加熱する実験では沸騰石を入れる。その理由は，加熱による急激な沸騰（突沸）を防ぐためである。
沸騰石には，おだやかに沸騰するように細かなすきまがたくさんある。

注意 **エタノールの沸点**
エタノールの沸点は約78℃で，水より低い温度で沸騰する。

【　月　日】

Step 2 標準問題①

時間 30分　合格点 70点　得点　点

解答▶別冊10ページ

1 ［状態変化］物質の状態変化についての次の文章を読み，あとの問いに答えなさい。

物質は状態が変化すると体積も変化する。水がこおって氷になると，体積が少し［①］なる。また，ろうは液体から固体に変化すると，体積が少し［②］なる。固体のろうが浮(う)くかどうか確かめるために，液体のろうの中に固体のろうを入れると，固体のろうは液体のろうに［③］。

(1) 文中の①，②にあてはまる語句の組み合わせとして適当なものを，次の**ア**～**エ**から選び，記号で答えなさい。

ア ① 大きく　② 大きく　　**イ** ① 大きく　② 小さく

ウ ① 小さく　② 大きく　　**エ** ① 小さく　② 小さく

(2) ③にあてはまる適当な語句を入れなさい。

(3) 物質は温度によって「固体」，「液体」，「気体」の3つの状態に変化する。右の表は物質A，B，C，Dが－20℃，60℃，110℃のとき，どの状態にあるかを表したものである。それぞれの物質の沸点(ふってん)や融点(ゆうてん)の関係などについて述べた文として，正しいものを次の**ア**～**オ**から2つ選び，記号で答えなさい。

	－20℃	60℃	110℃
A	固体	固体	固体
B	固体	液体	液体
C	固体	液体	気体
D	液体	液体	気体

ア A～Dの中に50℃で気体の物質がある。

イ A～Dの中で最も融点が低いのはAである。

ウ BとCではBのほうが沸点が高い。

エ A～Dの中に水の可能性がある物質はない。

オ Dの融点は－20℃より低い。〔鳥　取〕

1 (10点×3－30点)

(1)	
(2)	
(3)	

ワンポイント
水は例外で，液体のときに体積が最も小さくなる。

2 ［沸　点］図1，図2の実験装置で，水とエタノールをそれぞれ加熱し，温度変化を調べた。図3はその結果を表したグラフである。次の問いに答えなさい。

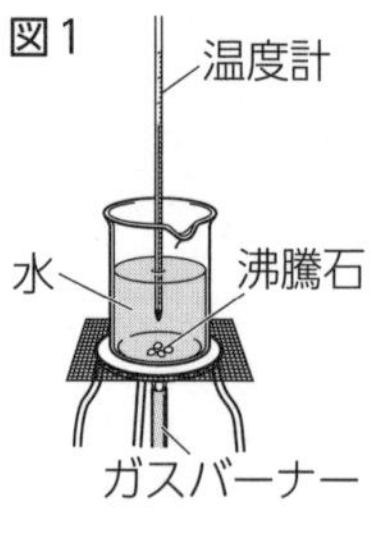

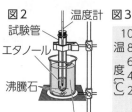

図1
温度計
水
沸騰石
ガスバーナー

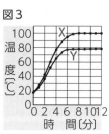

図2
温度計
試験管
エタノール
沸騰石
沸騰した水

図3
温度〔℃〕
100
80
60
40
20
0
X
Y
0 2 4 6 8 10 12
時　間〔分〕

2 (10点×4－40点)

(1)	記号	
	理由	
(2)	温度	
	時間	

記述式 (1) 図3のＸ，Ｙのうち，エタノールのグラフはどちらか，記号を書きなさい。また，そのように考えた理由を書きなさい。

(2) 図2の試験管に入れるエタノールの量を半分にして，同じように加熱した場合，沸騰が始まる温度と時間は，それぞれどのようになると考えられるか，最も適当なものを次の**ア～オ**から選び，記号で答えなさい。

ア 高くなる 　　**イ** 低くなる 　　**ウ** 早くなる

エ おそくなる 　**オ** 変わらない

〔兵　庫〕

ワンポイント

水とエタノールでは，水のほうが沸点が高い。

要 **3** ［状態変化・実験器具の使い方］図1のような装置を用いて，水とエタノールの混合液（混合物）からエタノールをとり出すための実験を行った。しばらく加熱すると，試験管の中にエタノールがたまった。図2はＡの部分を拡大したものである。図3は枝付きフラスコ内の温度と加熱時間の関係を表したグラフである。次の問いに答えなさい。

3 (10点×3-30点)

(1)

(2)

(3)

図1

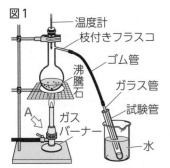

温度計
枝付きフラスコ
ゴム管
沸騰石
ガラス管
試験管
Ａ
ガスバーナー
水

図2

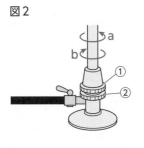

a
b
①
②

図3

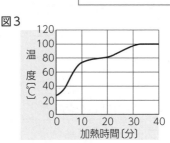

温度〔℃〕
加熱時間〔分〕

(1) 図1のように，混合液を沸騰させ，出てくる気体を冷やして液体としてとり出す方法を何といいますか。

(2) ガスバーナーの炎の色から空気の量が少ないことがわかった。図2で，空気の量をふやす正しい操作を選びなさい。

ア ②をおさえて，①だけを矢印ａの方向に回す。

イ ②をおさえて，①だけを矢印ｂの方向に回す。

ウ ①をおさえて，②だけを矢印ａの方向に回す。

エ ①をおさえて，②だけを矢印ｂの方向に回す。

(3) 図3のグラフを見て，エタノールが最も多く気体に変化している温度は，次のどれですか。

ア 約50℃ 　　**イ** 約80℃

ウ 約90℃ 　　**エ** 約100℃

〔長崎-改〕

ワンポイント

(2)図2の①は空気調節ねじ，②はガス調節ねじである。

(3)加熱を始めてから約15分後に，水平に近い部分がグラフに表れていることに注意しよう。

Step ② 標準問題②

| 時間 30分 | 合格点 70点 | 得点 点 |

解答▶別冊10ページ

1 [物質の状態変化] 下の図のようにろうを固体から液体，液体から固体へと状態変化させる実験を行った。これについて，次の問いに答えなさい。

①ビーカーに入れたろうを加熱して液体にし，液面の高さに印をつける。

②ビーカーごと液体のろうの質量をはかる。

③ビーカーを冷やしてろうを固体にする。

④ビーカーごと固体のろうの質量をはかる。

1 (6点×3−18点)

(1)
(2)
(3)

(1) 図中の③のとき，ビーカーのようすはどうなっているか。次の**ア**～**エ**から選び，記号で答えなさい。

液面の高さにつけた印

固体のろう

(2) 図1の②の液体の密度と，④の固体の密度のどちらが大きいか，②か④で答えなさい。変わらない場合は「同じ」と答えなさい。

(3) (2)の結果から，ろうの固体と液体の粒子のモデルはＡ，Ｂのように考えられる。Ａ，Ｂのどちらが液体の粒子のモデルか，記号で答えなさい。

2 [ナフタレンの融点] 右の図はナフタレンを加熱したときの時間と温度変化を表すグラフである。これについて，次の問いに答えなさい。

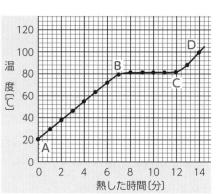

2 (7点×7−49点)

(1)	AB
	BC
	CD
(2)	
(3)	
(4)	A
	D

(1) 図1中のAB間，BC間，CD間の状態はそれぞれどんな状態か。次の**ア**～**オ**から選び，記号で答えなさい。

ア 気体　**イ** 液体　**ウ** 固体　**エ** 液体と気体

オ 固体と液体

(2) ナフタレンがとけ始めたのは，約何℃ですか。

(3) (2)のような温度を何というか，答えなさい。

(4) ＡとＤの状態はそれぞれどのようになっているか。最も適当なモデルを，次の**ア**～**ウ**から選び，記号で答えなさい。

ア　　　　　イ　　　　　ウ

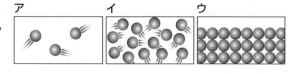

3 [蒸留] 由香さんは，物質の状態変化を調べるため，水とエタノールを用いて実験を行った。これについて，あとの問いに答えなさい。

実験 水20 cm³とエタノール5 cm³の混合物を，図1のような装置で加熱した。出てきた液体を，試験管a，bの順に3 cm³ずつ集め，<u>加熱をやめた</u>。次に，同じ大きさのポリエチレンの袋A～Dを用意し，袋A

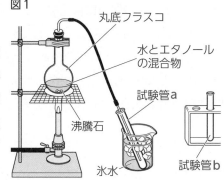

図1
丸底フラスコ
水とエタノールの混合物
試験管a
沸騰石
氷水
試験管b

には試験管aに集めた液体，袋Bには試験管bに集めた液体，袋Cには水，袋Dにはエタノールをそれぞれ3 cm³

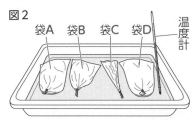

図2
袋A 袋B 袋C 袋D
温度計

ずつ入れ，空気が入らないように口を密閉し，すべての袋に約90℃の湯をかけた。図2は，その結果を示したもので，大きく膨らんだほうから順に，袋D，袋A，袋Bとなり，袋Cは膨らまなかった。

(1) 下線部について，加熱をやめるときにはガラス管が試験管にたまった液体の中に入っていないことを確認する必要がある。これは，ある現象が起こることを防ぐためである。それはどのような現象か。簡潔に書きなさい。

(2) 図2の結果から，試験管aと試験管bのうち，集めた液体に含まれるエタノールの割合が大きいのはどちらか，a，bの記号で答えなさい。また，そう判断した理由を図2の袋の中における水とエタノールの状態変化をふまえて書きなさい。

(3) 次の文章中の①，②の[　　]の中からそれぞれ正しいものを1つずつ選び，記号で答えなさい。

図2の袋Dについて，袋にかけた湯が室温の22℃と同じ温度になるまで放置したとき，図2のときと比べ，袋の中のエタノールの質量は①[ア 増加し　イ 減少し　ウ 変化せず]，②[ア 激しく　イ 穏やかに]運動するエタノール分子の割合が増える。

〔熊本－改〕

---

3 ((1) 9点，(2) 10点（完答），(3) 各7点－33点)

(1)	
(2)	試験管
	理由
(3)	①
	②

第1章
第2章
第3章
第4章
総仕上げテスト

ワンポイント
(2) エタノールと水を比べると，エタノールの方が沸点が低い。

Step 3 実力問題②

1 A～Dの物質はいずれも白い粉末である砂糖，食塩，プラスチック，かたくり粉である。これらについて，①～④の実験を行った。次の問いに答えなさい。(6点×5-30点)

① A～Dを水に溶かしたところ，A，Bはよく溶けたが，C，Dは溶けなかった。

② A～Dにヨウ素液を加えると，色が変化したのはCのみであった。

③ A～Dを燃焼さじにとって加熱したところ，B，C，Dは燃えたが，Aは燃えなかった。

④ ③で，火がついたものを集気びんの中に入れて燃やし，火が消えてからとり出して，集気びんの中で石灰水を入れてよくふった。

(1) 食塩はどれか。A～Dの記号で答えなさい。

(2) ②では，ヨウ素液の色は何色に変化したか。次の**ア～エ**から選びなさい。

　　ア 深緑色　　**イ** 青紫色

　　ウ 黄緑色　　**エ** 赤褐色

(3) ④で，石灰水はどうなりますか。

(4) ④の石灰水の変化から何という気体が発生したことがわかりますか。

(5) 燃えて，(4)の気体を発生する物質を何といいますか。

(1)	(2)	(3)	(4)	(5)

2 水とエタノールを用いて，次の実験を行った。あとの問いに答えなさい。

実験 水とエタノールを2：1の割合で混合し，この混合物を図1のような実験装置で加熱した。その結果，加熱を始めてから4分後に沸騰が見られ，試験管の中には液体がたまり始めた。

　　　図2は加熱を始めてからの時間と温度計の示度との関係を示している。(28点)

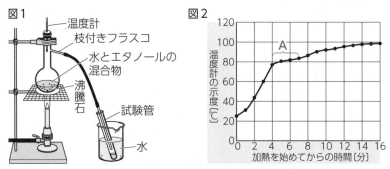

図1 温度計／枝付きフラスコ／水とエタノールの混合物／沸騰石／試験管／水

図2 温度計の示度[℃]／加熱を始めてからの時間[分]／A

(1) 図1において，フラスコの中に沸騰石を入れるのは何のためか。その理由を書きなさい。(9点)

(2) 液体を沸騰させ，出てくる気体を冷やして再び液体にする方法を何というか。その名称を書きなさい。(9点)

(3) 次の文は，図2のAの時間に試験管にたまっていた液体について述べた文である。[　]に入る適切な語を書きなさい。(10点)

液体は，加熱前の混合物に比べてエタノールの割合が多かった。これは，水に比べてエタノールの［　　　　］が低いため，先にエタノールを多く含んでいる気体が出てくるからである。

(1)		
(2)	(3)	

〔青　森〕

3 右の図は，3種類の固体の物質A，B，Cのそれぞれについて，100gの水に溶けることのできる最大量と水の温度との関係を，それぞれグラフに表したものである。これについて，次の問いに答えなさい。(7点×6－42点((5)完答))

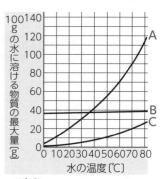

(1) 60℃の水100gに溶けることのできる物質Bの最大量は37gである。60℃の水150gに溶けることのできる物質Bの最大量は何gですか。

(2) 60℃の水150gに，物質Bを最大限溶かした溶液の質量パーセント濃度は何%か。最も近い値を次の中から選び，ア～オの記号で答えなさい。

　　ア 22%　　イ 27%　　ウ 32%　　エ 37%　　オ 42%

重要 (3) 80℃の水100gを3つ用意して，物質A，B，Cをそれぞれ20gずつ溶かした。それぞれの溶液を10℃まで冷やしていくとき，最初に結晶が析出するのは物質A，B，Cの溶液のうちどれか。A～Cの記号で答えなさい。

(4) 80℃の水100gに物質Aを70g溶かした。この溶液を20℃に冷やしたら，何gの結晶が析出しますか。

難問 (5) (4)で溶液を冷やしていくとき，①80℃から60℃，②60℃から40℃の範囲では，溶液の濃度はそれぞれどのようになっていくか。適当なものを次の中から選び，ア～ウの記号で答えなさい。

　　ア 大きくなる　　イ 小さくなる　　ウ 変化しない

記述式 (6) 物質Bは，水の温度を60℃から20℃に冷やしていってもほとんど結晶は析出されなかった。物質Bの結晶を析出させるためにはどのようにすればよいか。簡潔に書きなさい。

(1)	(2)	(3)	(4)	(5) ①
②	(6)			

- -

ヒント

1 (5)砂糖，プラスチック，かたくり粉は炭素を含む。

2 (3)エタノールの沸点は約78℃，水の沸点は100℃で，先にエタノールが気化してくる。

3 (2)濃度＝溶質の質量÷水溶液の質量×100

　　(3)物質Aは，60℃で水100gに最大量70gまで溶ける。

8 生 物 の 観 察

重要点をつかもう

1 校庭で見られる植物
セイヨウタンポポ，ドクダミなど。

2 校庭で見られる動物
ダンゴムシ，モンシロチョウなど。

3 池や川で見られる動物
メダカ，オタマジャクシ，カエルなど。

4 水の中の小さな生物
ミジンコ，アオミドロ，ゾウリムシなど。

地面に葉を広げている。	茎が地面をはう。	株をつくる。	茎が枝分かれしている。	茎が直立している。	つるになる。
スミレ オオバコ セイヨウタンポポ	カタバミ シロツメクサ オランダイチゴ	ススキ スズメノカタビラ カモジグサ	ハコベ ツユクサ オオイヌノフグリ	ハルジオン セイタカアワダチソウ チューリップ	ヘチマ アサガオ クズ
(ロゼット)					

弱い ←――――― 日光を受ける競争 ―――――→ 強い
強い ←――――― ふみつけや乾燥 ―――――→ 弱い

Step 1 基本問題

解答▶別冊11ページ

1 図解チェック⚡ 次の観察器具の図の空欄に，名前を入れなさい。

▶観察に用いる器具◀

① □
肉眼で見える小さなものを大きく拡大する。

② □
肉眼では見えない小さなものを拡大する。

③ □
生物をそのままの状態で拡大して観察する。

④ □
手でつまみにくい小さなものをつまむ。

⑤ □
プランクトンを集める網。

⑧ □
⑦の上に試料をのせ，⑥をかぶせて②で観察できるようにしたもの。

⑥ □

⑦ □
観察する試料をのせる。

2 ［観察のしかた］野外でタンポポの花を観察した。次の問いに答えなさい。

タンポポの花

(1) タンポポの花を拡大して観察するのに最も適した器具（図のA，B，C）は何か。名称を書きなさい。　［　　　　　］

(2) (1)の器具の適した位置は，図のA，B，Cのどこか，記号で答えなさい。　［　　　　　］

(3) ピントを合わせるとき，(1)の器具か，タンポポの花のどちらを動かせばよいですか。　［　　　　　］

(4) スケッチのしかたで，正しいものを，次のア～ウから選びなさい。　［　　　　　］

　ア　りんかくの線は重ねたり塗りつぶしたりする。

　イ　視野の丸い線を描いてからスケッチする。

　ウ　背景や周囲のものは描かない。

3 ［水中の小さな生物］池の水を顕微鏡で観察すると，下のスケッチの生物が見えた。それぞれ何という生物か，答えなさい。

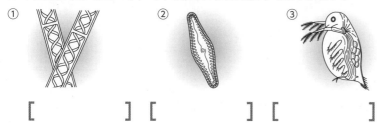

①　　　　　　　②　　　　　　　③

［　　　　　］　［　　　　　］　［　　　　　］

4 ［顕微鏡のレンズと顕微鏡の倍率］下の図は，顕微鏡のレンズで，×10，×40の対物レンズ，×10，×15の接眼レンズである。次の問いに答えなさい。

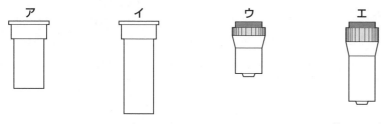

ア　　　　イ　　　　ウ　　　　エ

(1) ×10の対物レンズはどれか，記号で答えなさい。　［　　　　　］

(2) ×15の接眼レンズはどれか，記号で答えなさい。　［　　　　　］

(3) ×10の対物レンズと×15の接眼レンズで拡大してみると，顕微鏡の倍率は何倍になりますか。　［　　　　　］

注意 **ルーペの使い方**

①観察するものが動かせるとき…ルーペを目に近づけて持ち，観察するものを前後に動かしてピントを合わせる。

②観察するものが動かせないとき…ルーペを目に近づけて持ち，顔を前後に動かしてピントを合わせる。

注意 **スケッチのしかた**

細い線ではっきりと描く。影をつけない。スケッチした日時，天気なども記録しておく。

くわしく **水中の小さな生物**

①植物…ハネケイソウ，アオミドロ，ミカヅキモなど。

②動物…ミジンコ，ゾウリムシ，アメーバなど。

ひと休み **ミジンコのふえ方**

ミジンコは，通常（環境の良いとき）は交配せずに雌だけを産み，生存危機が迫ったときだけ雄を産み，交配し受精卵をつくる。

注意 **顕微鏡のレンズと顕微鏡の倍率**

接眼レンズは高倍率のほうが短く，対物レンズは高倍率のほうが長い。

顕微鏡の倍率＝接眼レンズの倍率×対物レンズの倍率 となる。

Step **2** 標準問題

解答▶別冊12ページ

1 [アブラナの花のつくり] 下の図は，アブラナの花を分解してスケッチしたものである。あとの問いに答えなさい。

  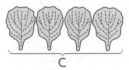

A　　　B　　　　　　C　　　　　D

(1) 図中のA〜Dの名称(めいしょう)を書きなさい。

(2) 花の中心にあるものから外側にあるものへと，A〜Dを順に並べなさい。

(3) アブラナと同じように，花びらが1枚1枚離(はな)れている植物を次のア〜エから選びなさい。

ア ツツジ　**イ** エンドウ　**ウ** アサガオ　**エ** キク

1 (7点×6−42点)

(1)	A
	B
	C
	D
(2)	→　　　→　　　→
(3)	

重要 2 [草の生えている場所] ある公園で，草の観察を行った。右の図は，その公園の地図である。次の問いに答えなさい。

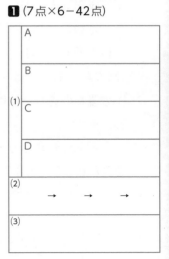

花壇　雑木林　B　トイレ　C　広場　池　A　花壇　北

(1) 公園でタンポポ，ゼニゴケが見られた。タンポポ，ゼニゴケは，それぞれ公園のどこに多く生えているか。地図中のA〜Cの中から選びなさい。

(2) 右の図はタンポポの葉のつき方をスケッチしたものである。次の文の①，②に入る適切な語句を答えなさい。

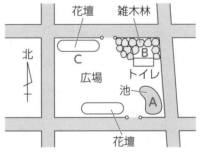

葉のつき方は， ① に広がり，上から見ると重なりが少なくなっている。これは，効率よく ② を受けることができる点で都合(つごう)がよい。

(3) タンポポの1つの花について，正しいものを次のア〜オからすべて選びなさい。

a　b　c　d　e

ア aは，やくである。

イ bは，子房である。

ウ cは，花弁である。

エ dは，おしべの一部である。

オ eは，めしべの一部である。

2 (6点×6−36点)

(1)	タンポポ
	ゼニゴケ
(2)	①
	②
(3)	
(4)	

ワンポイント

(1) タンポポは日なたに多く，ゼニゴケは日かげに多く見られる。

(4) タンポポの葉の葉脈は，どのようになっているか。次の**ア~ウ**から選びなさい。

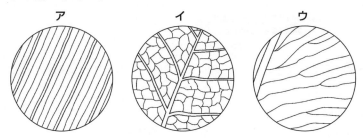

ア　イ　ウ

3 [顕微鏡の使い方] 顕微鏡の使い方について，次の問いに答えなさい。

(1) 次の文章は，顕微鏡の使い方について述べたものである。文章中のa~cに入るものを，aは下の**I群ア・イ**から，bは**II群カ・キ**から，cは**III群サ・シ**からそれぞれ1つずつ選び，記号で答えなさい。

> まず，　a　，反射鏡としぼりを用いて視野全体の明るさを調節したあと，プレパラートをステージにセットする。ピントを合わせるときには，対物レンズを低倍率のものにして，対物レンズを横から見ながら調節ねじを回して　b　，その後，接眼レンズをのぞきながら調節ねじを反対に回してピントを合わせる。低倍率の対物レンズでピントを合わせたあとに対物レンズを高倍率のものにして観察するが，高倍率になると　c　ので，反射鏡としぼりを用いて調節する。

I群　ア 接眼レンズをとりつけてから対物レンズをとりつけ
　　　　イ 対物レンズをとりつけてから接眼レンズをとりつけ

II群　カ 対物レンズとステージを近づけ
　　　　キ 対物レンズとステージを遠ざけ

III群　サ 視野全体が明るくなる
　　　　シ 視野全体が暗くなる

重要
(2) 右の図は，顕微鏡で観察した視野のようすである。観察する生物を視野の中心に動かしたいとき，プレパラートをa，bのどちらの方向に動かせばよいか。記号で答えなさい。

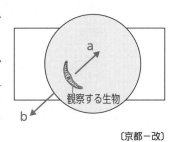

観察する生物

〔京都—改〕

3 ((1)6点×3，(2)4点—22点)

(1)	a
	b
	c
(2)	

ワンポイント

(1) 顕微鏡の倍率を上げると，見える範囲はせまくなるため，入ってくる光の量も少なくなる。

9 花のつくりとはたらき

重要点をつかもう

1 子房と胚珠

受粉後，**子房**は**果実**に，**胚珠**は**種子**になる。

2 被子植物

胚珠が子房におおわれている植物。

3 裸子植物

胚珠がむき出しになっている植物。(イチョウ，マツ，ソテツなど)

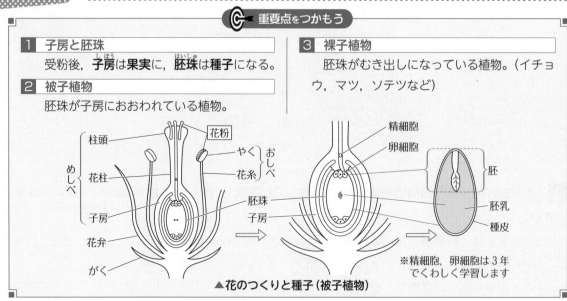

▲花のつくりと種子（被子植物）

※精細胞，卵細胞は 3 年でくわしく学習します

Step 1 基本問題

解答▶別冊12ページ

1 図解チェック⚡ 次の図の空欄に，適当な語句を入れなさい。

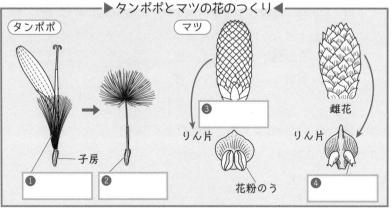

▶タンポポとマツの花のつくり◀

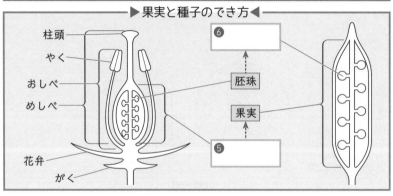

▶果実と種子のでき方◀

Guide

注意 **花のつくり**
花は，外側から順にがく，花弁，おしべ，めしべが並ぶ。
おしべは，さらにやく・花糸，めしべは，さらに柱頭・花柱・子房に区分される。

ことば **種子と果実**
めしべの胚珠が成長すると種子になり，子房が成長すると果実になる。

ひと休み **ソテツの実**
ソテツは，雌雄異株で雌花には秋から冬にかけて赤色の種子ができる。多量のデンプンを含むが，有毒物質も含む。

[花のつくりとはたらき] 右の図は，サクラの花のつくりを簡単に示したものである。次の問いに答えなさい。

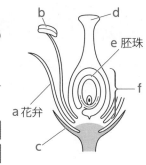

(1) 図の b，c，d，f の部分は，それぞれ何ですか。

b [   ]   c [   ]
d [   ]   f [   ]

(2) 次の [   ] の中に図中の記号を入れなさい。

[①   ] でつくられた花粉が [②   ] で受粉すると，やがて [③   ] は発達して種子になり，[④   ] は果実になる。

(3) サクラの花のように，胚珠がむき出しになっていない植物を何といいますか。 [   ]

(4) マツの花のように，胚珠がむき出しになっている植物を何といいますか。 [   ]

3 **[花のつくり]** 下の図は，2種類の花のつくりを調べるために，花を分解して，並べたものである。次の問いに答えなさい。

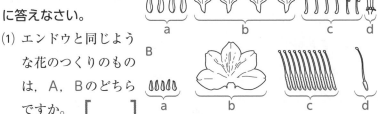

(1) エンドウと同じような花のつくりのものは，A，Bのどちらですか。 [   ]

(2) 種子ができるのは，Aのa～dのどれですか。 [   ]

(3) Bのa～dの中で，最も外側についているものはどれですか。 [   ]

4 **[マツの花のつくり]** 右の図は，花のついているマツの枝のスケッチである。図を見て，次の問いに答えなさい。

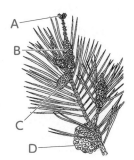

(1) 図のA，Bはそれぞれ何ですか。

A [   ]   B [   ]

(2) 前年の春に雌花であったものはどれか。A～Dから1つ選びなさい。 [   ]

第1章
第2章
第3章
第4章
総仕上げテスト

注意 **花のはたらき**
花のはたらきは種子をつくることで，ふつう，花弁やおしべは受粉後に枯れ，めしべの子房だけが残って果実に発達する。
がくは，枯れるものや残るものがある。

注意 **花のつくりの違い**
被子植物は胚珠が子房に包まれており（多くの種子植物），裸子植物は胚珠がむき出しになっている（マツ・ソテツ・イチョウなど）。

くわしく **キクの花**
タンポポなどのキクのなかまの花は，1つの花のように見えるが実は多数の花の集まりであり，このような花を頭状花とよんでいる。

注意 **マツの花の発達**
マツの雌花は枝先につき，5月ごろ受粉すると，翌年には若いまつかさになる。種子が完成するのは翌年の10月ごろである。

ひと休み **カボチャの花**
カボチャなどの花は，おしべをもつ雄花と，めしべをもつ雌花の2種類がある。

くわしく **マツの花粉**
マツの花粉は，風によって運ばれるので，より遠くまで運ばれるように，袋がついている。

1 [タンポポの花のつくり] 美香さんは，花のつくりとはたらきに興味をもち，いくつかの花について調べた。これについて，次の問いに答えなさい。

■ ((1)10点×2，(2)15点－35点)

(1)	①
	②
(2)	

(1) 美香さんは，花のつくりについて調べ
るために，タンポポを観察し，スケッ
チした。図1は，作成したタンポポの
スケッチである。観察した結果，タン
ポポは，たくさんの小さい花が集まっ
てできていることがわかった。

図1
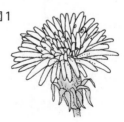

> **ワンポイント**
> (2) タンポポは小さい花が集まってできている。小さい花1つ1つの花弁のようすを考える。

重要 ①下の文章は，タンポポをとり，手に持って観察するときのルーペの使い方について述べたものである。a，bにあてはまる言葉の組み合わせとして最も適切なものを，あとの**ア～エ**から1つ選び，記号で答えなさい。

　はじめにルーペを　a　持つ。次に，　b　を動かして，よく見える位置をさがす。

ア a 目に近づけて　　b ルーペ
イ a 目に近づけて　　b タンポポ
ウ a 目から遠ざけて　b ルーペ
エ a 目から遠ざけて　b タンポポ

②図2は，タンポポの小さい花の1つを
スケッチしたものである。美香さんは，
Aの部分が変化して綿毛になると考えた。
Aの部分は，花のつくりにおいて何とよ
ばれるか，書きなさい。

図2
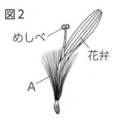
めしべ
花弁
A

記述式 (2) 表は，観察した花のスケッチを花弁のつき方によって分類し，
まとめたものである。花弁のつき方について，ツツジとリンド
ウがタンポポと同じ花に分類されるのはなぜか，書きなさい。

花弁のつき方がタンポポと同じ花		花弁のつき方がタンポポと異なる花	
ツツジ	リンドウ	アブラナ	サクラ

〔山形－改〕

2 [アブラナとマツの花] 図1，図2はマツの花のつくりを，図3はアブラナの花の断面をスケッチしたものである。あとの問いに答えなさい。

図1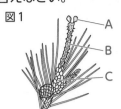

図2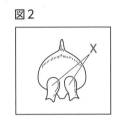

図3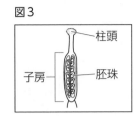

(1) マツの雌花（めばな）のりん片（べん）は図1のどの部分から採取できるか。A～Cで答えなさい。

(2) 図2と図3を比べて，図2のXの部分について説明したものとして最も適切なものを次の**ア～エ**から選び，記号で答えなさい。

ア 図2のXは，図3の柱頭にあたり，内部に子房（しぼう）と胚珠（はいしゅ）がある。

イ 図2のXは，図3の柱頭にあたり，内部に胚珠がある。

ウ 図2のXは，図3の子房にあたるが，内部には胚珠がない。

エ 図2のXは，図3の胚珠にあたるが，子房には包まれていない。

〔神奈川〕

2 ((1)10点，(2)15点－25点)

(1)

(2)

ワンポイント

(2) マツは，子房がなく，胚珠がむき出しになっている裸子植物である。受粉（じゅふん）したあと，胚珠が種子になるが，子房がないので，果実はできない。

第1章
第2章
第3章
第4章
総仕上げテスト

3 [エンドウの花] 右の図は，エンドウの花の断面を模式的に表したものである。エンドウの種子は，図のア～オのどの部分が変化したものか。1つ選びなさい。また，その部分の名称（めいしょう）を書きなさい。

〔福　島〕

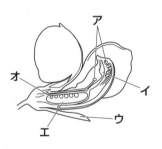

3 (20点（完答）)

記号

名称

4 [種子のつくり] 右の図は，カキの種子の構造を示したものである。

次の文の①～④にあてはまる図中の記号を入れなさい。

① は，種子が発芽するときに必要な養分を蓄（たくわ）えている。

種子が発芽すると，まず ② が伸（の）びて根になり，続いて ③ が伸びて2枚の ④ が開き，その間から若い葉と茎（くき）が出てくる。

4 (5点×4－20点)

①

②

③

④

Step **2** 標準問題②

解答▶別冊13ページ

1 [めしべのつくり] 図1は,ある植物のめしべの断面を双眼実体顕微鏡(じったいけんびきょう)で観察してスケッチしたものである。めしべの先には多数の花粉がついているのが観察された。

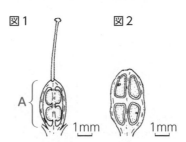

図1　図2

A 1mm　1mm

図2は, 図1のAの部分が成長してできた果実の断面を示したものである。果実の中には種子ができているのが観察された。これについて, 次の問いに答えなさい。

(1) 図1のAの部分を何といいますか。

(2) 次の文の①と②の[　]にあてはまるものを, **ア, イ**からそれぞれ選び, 記号で答えなさい。

　　花粉がめしべの先について受粉したのち, 花粉から花粉管が伸(の)びてきて①[**ア** やく　**イ** 胚珠(はいしゅ)]に達し, 受精(じゅせい)が行われる。受精してできた受精卵は分裂(ぶんれつ)をくり返して, 種子の中の将来芽や子葉になる部分である②[**ア** 胚(はい)　**イ** 胚乳]になる。

重要 (3) 種子植物を分類する場合, 図1に示しためしべと同じつくりのめしべをもつなかまを, ひとまとめにして何といいますか。

〔北海道―改〕

1 (6点×4－24点)

(1)	
(2)	①
	②
(3)	

ワンポイント

(3) 種子植物は, 被子植物と裸子植物に分けられる。分けられるポイントは子房(しひ)の有無である。

2 [マツのつくり] 次の文章を読み, あとの問いに答えなさい。

　　クロマツの花はいわゆる「はだかの花」で, ①花びらをもっていません。四月ごろ, まっすぐに立った新しい枝の先に赤紫(むらさき)色の　a　の花穂(はなほ)を数個つけます。　a　の1つのりん片(べん)にある2つの　b　は外にむき出しになっています。このような植物を裸子(らし)植物とよんでいます。枝の下にはたくさんの　c　の花穂がたばになってついています。　c　の花穂はたまご形でその②粉袋(こなぶくろ)から黄色い③花粉をはきだします。この花粉は風で飛び散って黄色い砂ぼこりのように見えます。花が終わると, 丸い実を結びますが, その中に多くの④たねをつくります。

(『牧野富太郎植物記』より)

(1) a～cに適する語を, 次の**ア～オ**から選び, 記号で答えなさい。

　ア 胚のう　**イ** 胚珠　**ウ** 子房　**エ** 雄花(おばな)　**オ** 雌花(めばな)

2 (4点×7－28点)

(1)	a
	b
	c
(2)	
(3)	
(4)	③
	④

(2) 下線部①について，花びらをもたない植物を次のア～エから選び，記号で答えなさい。

　　ア ウメ　　イ ツユクサ
　　ウ スギ　　エ ナズナ

(3) 下線部②について，この粉袋(こなぶくろ)のことを何といいますか。

(4) 下線部③，④について，クロマツの花粉とクロマツのたねを，下の図のア～クからそれぞれ選び，記号で答えなさい。

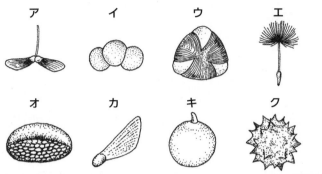

〔洛南高－改〕

第1章
第2章
第3章
第4章
総仕上げテスト

ワンポイント

(1) マツの花には雌花(めばな)と雄花(おばな)があり，雌花と雄花は枝の先と枝の下のほうに分かれて違(ちが)ったところについている。雄花のりん片(べん)には，花粉のつまった袋がある。

3 [ツツジの花のつくり] ツツジの花を分解して，部分ごとに観察した。下の図はそのときのスケッチである。これについて，あとの問いに答えなさい。

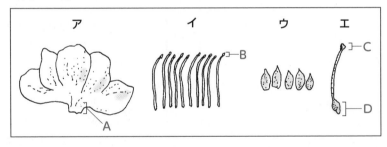

(1) 図中のア～エの各部分について，花の外側にあるものから順にア～エの記号で答えなさい。

重要 (2) ツツジの花において，受粉すると成長して果実になる部分はどれか。図中のA～Dから1つ選び，記号で答えなさい。また，その部分の名称(めいしょう)を書きなさい。

〔山口－改〕

3 (8点×3－24点)

(1)	
(2)	記号
	名称

4 [アブラナの花のつくり] アブラナの花のつくりを調べ，外側についているものから順に並べたとき，次の①～③にあてはまるものを，下のア～ウからそれぞれ選び，記号で答えなさい。

　　①　→　②　→　③　→めしべ

ア 花弁　　イ おしべ　　ウ がく

〔群馬－改〕

4 (8点×3－24点)

①
②
③

10 植物のなかま分け

◀━ 重要点をつかもう

1 種子をつくる植物

花を咲かせ，種子をつくってなかまをふやす。**被子植物**と**裸子植物**に分けられる。

2 種子をつくらない植物

花を咲かせず，**胞子**をつくってなかまをふやす。**シダ植物**や**コケ植物**。

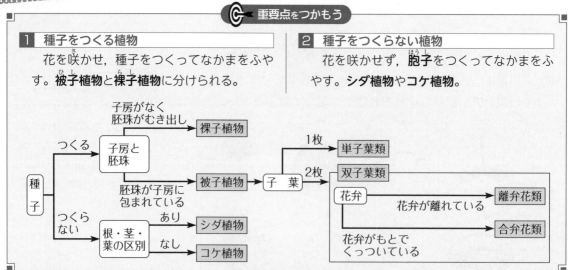

Step 1 基本問題

解答▶別冊13ページ

1 **図解チェック** 次の図や表の空欄に，適当な語句を入れなさい。

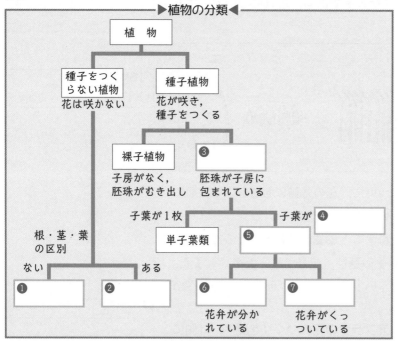

▶植物の分類◀

植物

種子をつくらない植物 花は咲かない / 種子植物 花が咲き，種子をつくる

裸子植物 子房がなく，胚珠がむき出し / ③ 胚珠が子房に包まれている

子葉が1枚 / 子葉が ④

単子葉類 / ⑤

根・茎・葉の区別

ない ① / ある ②

⑥ 花弁が分かれている / ⑦ 花弁がくっついている

▶双子葉類と単子葉類◀

	子 葉	葉 脈	根
双子葉類	④	網状脈	主根・側根
単子葉類	1枚	⑧	⑨

Guide

くわしく シダ植物とコケ植物
種子をつくらない植物は，シダ植物とコケ植物である。
シダ植物とコケ植物の区別は，根・茎・葉の区別があるかないかを基準とする。

注意 植物のふえ方
種子でふえる植物は種子植物。胞子でふえる植物はシダ植物，コケ植物など。

ことば 離弁花類と合弁花類
被子植物の双子葉類の植物には花弁が分かれている離弁花類と，花弁がくっついている合弁花類がある。

ことば 葉脈
双子葉類は網状脈，単子葉類は平行脈をもつ。

2 [生物の分類] 次の4つの生物は，からだのつくりや生活のしかたを基準に区分され，順序よく下のように並べられている。

A〜Cは，それぞれ下のどの基準によって区分されているか。ア〜ウの記号で答えなさい。

アオミドロ | ゼニゴケ | マツ | サクラ
     A   B   C

ア 種子でふえるか，胞子でふえるか。

イ 生育場所が水中か，陸上か。

ウ 胚珠が子房に包まれているか，いないか。

A [   ]   B [   ]   C [   ]

3 [被子植物と裸子植物] 次のア〜オは，被子植物と裸子植物の特徴である。それぞれについてあてはまるものを3つずつ選び，記号で答えなさい。ただし，同じ記号を用いてもよい。

ア 花弁のない花をつける。   イ 種子ができる。

ウ 葉緑体をもち，光合成を行う。   エ 果実ができる。

オ 春に芽を出し，その年の秋にかれる。

被子植物 [   ] [   ] [   ]

裸子植物 [   ] [   ] [   ]

4 [種子植物の分類] 次の表は，種子植物の分類を表したものである。表の空欄①〜⑤にあてはまる特徴を下のア〜キから選び，記号で答えなさい。

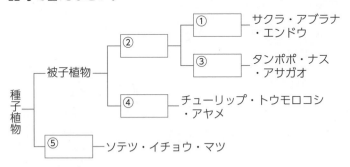

ア 胞子でふえる。   ① [   ]

イ 花弁が離れている。   ② [   ]

ウ 花弁がくっついている。   ③ [   ]

エ 子葉は1枚。   ④ [   ]

オ 子葉は2枚。   ⑤ [   ]

カ 胚珠はむき出し。   キ 胚珠は子房の中。

〔愛知－改〕

注意 生物の分け方の観点－2の場合

ア 種子でふえる植物は種子植物。

イ アオミドロは水中で生活している。

ウ 被子植物と裸子植物の区別の観点。

ひと休み 被子植物と裸子植物の例

①被子植物…サクラ，タンポポ，アヤメ，リンゴ，ホウセンカ

②裸子植物…スギ，マツ，イチョウ，ソテツ

ことば 単子葉類と双子葉類

①単子葉類…ひげ根，平行脈，子葉は1枚。

②双子葉類…主根と側根，網状脈，子葉は2枚。

ひと休み 両性花と単性花

①両性花…1つの花におしべとめしべがある。

②単性花…1つの花におしべだけ(雄花)，めしべだけ(雌花)がある。

ひと休み 雌雄同株と雌雄異株

①雌雄同株…1本の植物体に，雄花と雌花の両方が咲く。(マツ・トウモロコシ・ヘチマ)

②雌雄異株…1本の植物体に雄花だけ(または雌花だけ)が咲く。(イチョウ・ソテツ・ホウレンソウ)

Step ② 標準問題①

解答▶別冊13ページ

重要 **1** [植物の分類] 次の表は，植物のいろいろな特徴(とくちょう)をもとにして分類したものである。①〜⑤のなかまは，A〜Eのどのグループか。A〜Eの記号で答えなさい。

```
植物 ┬ 胞子で
     │ ふえる …………………………………………………… A
     │
     └ 種子で ┬ 胚珠がむき出しである ……………………… B
       ふえる │
              └ 胚珠が子 ┬ 子葉の数 …………………………… C
                房に包ま │ が1枚
                れている └ 子葉の数 ┬ 花弁が
                          が2枚   │ くっついている …… D
                                  │
                                  └ 花弁が
                                    分かれている …… E
```

①キキョウ・キュウリ・ヒマワリ・ツツジ

②スギゴケ・ゼンマイ・ゼニゴケ・スギナ

③イチョウ・アカマツ・スギ・ソテツ

④ユリ・イネ・ススキ　　　⑤アブラナ・バラ・サクラ

1 (8点×5−40点)

①
②
③
④
⑤

> **ワンポイント**
> 被子植物(ひし)は，単子葉類(たんしよう)と双子葉類(そう)に分けられる。
> また，双子葉類は，合弁花類(ごうべんか)と離弁花類(りべんか)に分けられる。

2 [シダ植物] シダ植物について，次の問いに答えなさい。

(1) 次の図は，シダ植物の一生(いっぱん)の一部を示した模式図である。Aは一般に何とよばれていますか。

(2) シダ植物を次の**ア〜エ**から1つ選びなさい。

　　ア アジサイ　　**イ** イチョウ　　**ウ** ワラビ　　**エ** ゼニゴケ

(3) Bはシダ植物の成体のどの部分にできますか。次の**ア〜エ**から1つ選びなさい。

　ア 地下茎(ちかけい)　　**イ** 葉の表

　ウ 葉の裏　　**エ** 葉柄(ようへい)

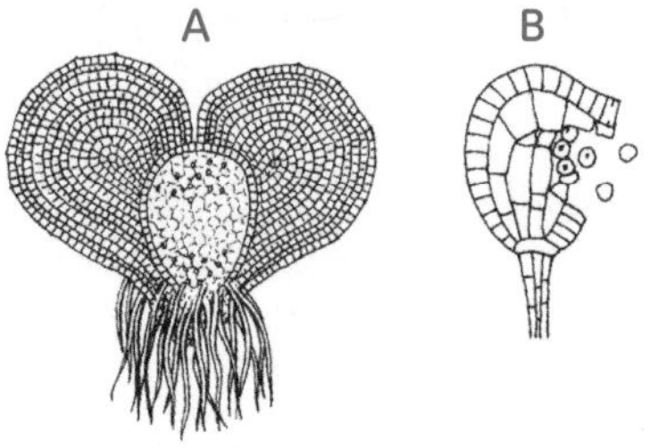

(4) シダ植物について述べた文を，次の**ア〜エ**から1つ選びなさい。

　ア 根(ね)・茎(くき)・葉の区別があり，種子でふえ，胚珠(はいしゅ)が子房(しぼう)に包まれている。

　イ 根・茎・葉の区別があり，胞子(ほうし)でふえ，日かげの湿った所(しめ)で生育する。

　ウ 根・茎・葉の区別があり，種子でふえ，胚珠がむき出しになっている。

　エ 根・茎・葉の区別が明らかでなく，胞子でふえ，日かげの湿った所で生育する。

〔相愛高−改〕

A　　　　　　　　　B

2 (6点×4−24点)

(1)
(2)
(3)
(4)

> **ワンポイント**
> (3)シダ植物は胞子でふえる。Bは胞子を生成する胞子のうである。

3 [植物のなかま分け] いろいろな植物の特徴を調べ，下図のようにA～Fのなかまに分けた。これについて，次の問いに答えなさい。

A	B	C	D	E	F
スギゴケ	イヌワラビ	イネ ツユクサ	タンポポ アサガオ	エンドウ アブラナ	スギ イチョウ

(1) 葉脈が平行脈で，根がひげ根という特徴をもつ植物はA～Fのどれか，記号で答えなさい。

(2) A～Fを分類したものとして最も適当なものを次のア～エから選び，記号で答えなさい。

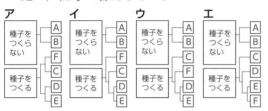

ア
| 種子をつくらない | A B F |
| 種子をつくる | C D E |

イ
| 種子をつくらない | A B F |
| 種子をつくる | C D E |

ウ
| 種子をつくらない | A B F |
| 種子をつくる | C D E |

エ
| 種子をつくらない | A B C |
| 種子をつくる | D E F |

要 **4** [植物のなかま分け] 学校の周辺に生えていた植物を17種類観察し，これらの植物のからだのつくりや生活のしかたを調べて，4つのなかまに分けた。下の図のA～Dの植物は，それぞれのなかまから1種類ずつ選んでスケッチしたものである。あとの問いに答えなさい。

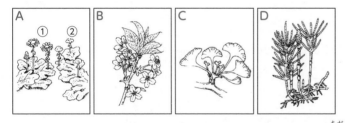

A	B	C	D

(1) Aの植物には，図に示したようにからだのつくりが違う株①，②が見られた。①と②について正しく説明しているのはア～エのどれですか。

　ア ①は湿った場所に生える株，②は乾いた場所に生える株。

　イ ①は胞子をつくる株，②は種子をつくる株。

　ウ ①は明るい場所に生える株，②は暗い場所に生える株。

　エ ①は雌の株，②は雄の株。

(2) 今から3億年前，地上に大森林をつくっていた植物のなかまは，図のA～Dの植物のうちではどれと考えられますか。

(3) 観察した17種類のうち，葉緑体をもっているものは17種類，胞子でふえるものは8種類，からだに根・茎・葉の区別がないものは3種類あった。Dと同じなかまの植物は，Dを含めて何種類ですか。

〔岡山－改〕

Step 2　標準問題②

時間 30分　合格点 70点　得点 点

解答▶別冊14ページ

重要 **1** [植物の特徴と分類] 植物を図のようにA～Fのように分類した。これについて，あとの問いに答えなさい。

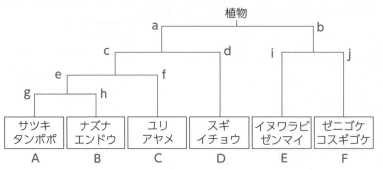

(1) A～Fの植物の分類名をそれぞれ答えなさい。

(2) 図中のa～jは，植物を分類できる特徴を表している。次の**ア～カ**にあてはまるものを，a～jからそれぞれ選び，記号で答えなさい。

　ア 胚珠(はいしゅ)が子房(しぼう)に包まれている

　イ 子葉が1枚である　　**ウ** 種子をつくる

　エ 花が咲(さ)かない　　**オ** 花弁が分かれている

　カ 根と葉の区別がある

(3) 下の図の**ア～エ**は植物のスケッチである。これらの植物は図中のA～Fのどこに分類されるか，記号で答えなさい。

　ア アブラナ
　イ アサガオ
　ウ イネ
　エ ツユクサ

ア 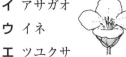　**イ** 　**ウ** 　**エ**

2 [単子葉類(たんしよう)と双子葉類(そうしよう)] 被子(ひし)植物は子葉の数から単子葉類と双子葉類に分類することができる。単子葉類と双子葉類について，次の問いに答えなさい。

(1) 下の文中のX，Yにあてはまる語句の組み合わせとして，最も適当なものを，下の**ア～エ**から選び，記号で答えなさい。

　単子葉類の葉脈は　X　に通り，根は　Y　からなる。

　ア X 網目状　　Y 主根と側根

　イ X 網目状　　Y たくさんのひげ根

　ウ X 平行　　　Y 主根と側根

　エ X 平行　　　Y たくさんのひげ根

1 (3点×16－48点)

(1)	A
	B
	C
	D
	E
	F
(2)	ア
	イ
	ウ
	エ
	オ
	カ
(3)	ア
	イ
	ウ
	エ

2 (6点×2－12点)

(1)	
(2)	

(2) 双子葉類に分類される植物として，最も適当なものを，次の**ア**～**オ**から1つ選び，記号で答えなさい。

　ア トウモロコシ　　**イ** ツユクサ　　**ウ** マツ

　エ ゼンマイ　　**オ** アブラナ　　〔新潟−改〕

3 ［コケ植物とシダ植物］図1，図2はそれぞれ種類が異なるコケ植物の図である。これについて，次の問いに答えなさい。

(1) 図1，図2の名まえをそれぞれ書きなさい。

(2) コケ植物は何によってなかまをふやすか，答えなさい。

(3) (2)がつくられる場所はどこか，図のA〜Dの中からすべて選び，記号で答えなさい。

記述式
(4) コケ植物は主にどのような所に多く生えているか，簡潔に述べなさい。

記述式
(5) コケ植物とシダ植物はどのようなことで区別できるか，簡潔に述べなさい。

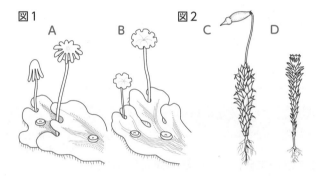

図1　A　B　図2　C　D

3 ((1)8点(完答)，(2)〜(5)各5点−28点)

(1)	図1
	図2
(2)	
(3)	
(4)	
(5)	

4 ［植物のなかま分け］次の□□□□は，健太さんが学校周辺で観察した植物である。それらのからだのつくりに着目し，なかま分けをしたときの記述として最も適するものをあとの**ア**〜**エ**から1つ選び，記号で答えなさい。

4 (12点)

ユリ　イヌワラビ　ゼニゴケ　タンポポ　サクラ

ア イヌワラビとゼニゴケは，根の違いだけではなかま分けができないが，胚珠の違いに注目すればなかま分けができる。

イ ユリとタンポポは，根の違いだけではなかま分けができないが，葉脈の違いに注目すればなかま分けができる。

ウ ユリとサクラは，根の違いだけではなかま分けができないが，子葉の違いに着目すればなかま分けができる。

エ タンポポとサクラは，根の違いだけではなかま分けができないが，花弁の違いに着目すればなかま分けができる。　〔群馬−改〕

11 動物のなかま分け

重要点をつかもう

1 セキツイ動物

からだの内部に骨格(内骨格)をもち，特に背中に背骨がある。内骨格とそれにつながる筋肉(骨格筋)をもつので，複雑な運動が可能。

背骨
トカゲ(ハ虫類)

2 無セキツイ動物

からだの内部に骨格をもたない。昆虫やエビ，カニのなかま(甲殻類)，イカやタコ・貝のなかま(軟体動物)など，種類も数も多い。

魚　類	水中でえら呼吸をする。		
両生類	子は水中でえら呼吸，親は陸上で肺呼吸をする。	変温動物(体温が周囲の温度に影響される)	卵生(子どもが卵から産まれること)
ハ虫類	陸上で肺呼吸をする。		
鳥　類	陸上で肺呼吸をする。	恒温動物(体温が一定に保たれる)	
ホ乳類	陸上で肺呼吸をする。		胎生(子どもが母体内で育ってから産まれること)

Step 1 基本問題

解答▶別冊14ページ

1 図解チェック⚡ 次の図の空欄に，動物をなかま分けした分類名を入れなさい。

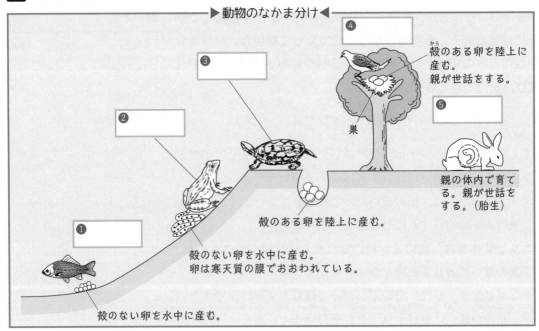

▶動物のなかま分け◀

④ _____

殻のある卵を陸上に産む。
親が世話をする。

③ _____

⑤ _____

② _____

巣

殻のある卵を陸上に産む。

親の体内で育てる。親が世話をする。(胎生)

① _____

殻のない卵を水中に産む。
卵は寒天質の膜でおおわれている。

殻のない卵を水中に産む。

2 [変温動物と恒温動物] 下の図は，動物の体温と周囲の温度との関係を示している。

これについて，次の問いに答えなさい。

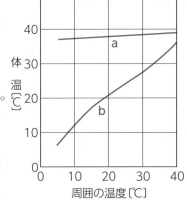

(1) グラフのa，bはトカゲとネコの体温の変化を示している。トカゲの体温の変化を示しているのはa，bのどちらですか。 [　　　]

(2) グラフのa，bのような体温の変化を示すような動物をそれぞれ何といいますか。

a [　　　　　] 　b [　　　　　]

(3) 次の①，②のような活動のしかたをするのは，どの体温の変化を示す動物か。それぞれa，bの記号で答えなさい。

①気温の低い朝のうちは活動が鈍い。 [　　　]

②気温の低い夜間でも活発に活動する。 [　　　]

3 [昆虫のからだのつくり] 右の図はトノサマバッタのからだをスケッチしたものである。これについて，次の問いに答えなさい。

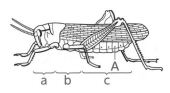

(1) トノサマバッタのからだは，図のようにa，b，cの3つの部分に分かれている。a，b，cのそれぞれの部分を何というか，名称を書きなさい。

a [　　　] 　b [　　　] 　c [　　　]

(2) 図のAで示した部分には穴が見られた。この部分の名称を書き，そのはたらきを，次の**ア～エ**から1つ選び，記号で答えなさい。 名称 [　　　] 　はたらき [　　　]

ア ふんを体外へ排出する部分

イ 水をとり入れる部分

ウ 空気を出し入れする部分

エ 汗を体外へ排出する部分

(3) トノサマバッタと同じ節足動物のなかまを次の**ア～カ**からすべて選び，記号で答えなさい。 [　　　]

ア ミジンコ 　**イ** ゾウリムシ 　**ウ** クラゲ

エ クモ 　**オ** ミミズ 　**カ** アリ

Guide

セキツイ動物
ことば
魚類，両生類，ハ虫類，鳥類，ホ乳類の5つのなかまからなる。
この5つは，子孫のふやし方や育て方，体温の変化，呼吸方法などによって分類することができる。

ホ乳類の体温
注意
セキツイ動物のうち，つねに体温を一定に維持できるのは，鳥類とホ乳類のみである。
ホ乳類でも，ヤマネのような小形のものでは周囲の温度が低くなると体温が下がるものもある。

カモノハシ
ひと休み
カモノハシは乳腺から分泌される母乳で子を育て，体温維持ができるのでホ乳類であるが，巣穴の中で1回に1～3個，約17mmの大きさの卵を産む。また，くちばしをもち，ここに鋭敏な神経が通っていて，獲物の生体電流を感知することができる。

無セキツイ動物のなかま
ことば
①**節足動物**…ハチ・カマキリなどの昆虫類，エビ・カニなどの甲殻類，クモのなかま，ムカデのなかま。
②**軟体動物**…タコ・イカなどのなかま，アサリ・ハマグリなどのなかま。
③**その他**…ミミズ・ウニ・イソギンチャクなど。

1 [セキツイ動物] 次の表は，セキツイ動物を，その特徴でA〜E のグループに整理したものの一部である。これについて，あとの 問いに答えなさい。

特徴 ＼ グループ	A	B	C	D	E
子のうまれ方	卵生	卵生	卵生	卵生	胎生
呼吸のしかた	えら呼吸	子…**ア** おとな …**イ**	肺呼吸	肺呼吸	肺呼吸

(1) 表の**ア**，**イ**にあてはまる呼吸のしかたを，それぞれ書きなさい。

(2) A，B，Eのグループの動物はそれぞれ何とよばれるか，書き なさい。

📝記述式 (3) C，Dは鳥類かハ虫類のいずれかである。これらを区別するた めには，セキツイ動物のどのような特徴に注目すればよいと考 えられるか。1つ，簡潔に述べなさい。

(4) Eの動物は，食べ物によって草食 動物と肉食動物に分類できる。草 食動物の頭骨は右図の**ア**，**イ**のど ちらか，記号で答えなさい。

(5) **イ**の動物で発達している，するど くとがった歯を何といいますか。

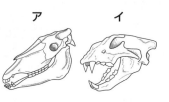
ア　　　　イ

〔福岡－改〕

1 (6点×8−48点)

(1)	ア
	イ
(2)	A
	B
	E
(3)	- - - - - - - - -
(4)	
(5)	

ワンポイント

(3) ハトは鳥類，トカゲは ハ虫類である。

2 [無セキツイ動物] 次の問いに答えなさい。

(1) 右の図から節足動物 をすべてあげたもの はどれか。正しい組 み合わせを次の**ア〜 カ**から1つ選びなさ い。

Aクモ

Bミジンコ　　Cイセエビ

Dムカデ　　Eバッタ　　Fゴカイ

ア A・E　　**イ** A・C・E

ウ B・C・F　　**エ** A・B・C・E

オ A・B・C・E・F　　**カ** A・B・C・D・E

2 ((1), (2)各6点, (3)8点(完答)−20点)

(1)	
(2)	
(3)	

(2) トンボのからだとあし，口について，最も正しく述べているもの
はどれですか。次のア～エから1つ選びなさい。

ア 頭胸部，腹部に分かれていて，胸部に3対のあしがある。
かむのに適した口がある。

イ 頭部・胸部・腹部に分かれていて，胸部に3対のあしがある。
吸うのに適した口がある。

ウ 頭部・胸部・腹部に分かれていて，腹部に3対のあしがある。
かむのに適した口がある。

エ 頭部・胸部・腹部に分かれていて，胸部に3対のあしがある。
かむのに適した口がある。

(3) 無セキツイ動物には，節足動物以外にもいろいろなグループが
あり，軟体動物もその1つである。次にあげる動物のうち，軟
体動物を2つあげなさい。

ア タコ　　　イ ナマコ

ウ ウニ　　　エ サザエ

オ ミミズ　　カ クラゲ

ワンポイント

(2) 昆虫類のからだは，頭
部・胸部・腹部に分かれ
ていて，胸部に3対のあ
しがついている。口の形
は，食物によって適した
形をしている。

3 ［動物の体温］右の
図は，周囲の温度を変
化させたときの，ある
セキツイ動物の体温変
化を示した図である。
これについて，次の問
いに答えなさい。

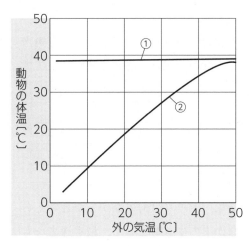

(1) ホ乳類，ハ虫類，両
生類，魚類はそれぞ
れ図中の①，②のど
ちらにあてはまるか，番号で答えなさい。

(2) 図中の①，②の動物はそれぞれ何動物とよばれるか，書きなさ
い。

(3) ①の動物で，卵生のセキツイ動物は何類とよばれるか，書きな
さい。

(4) ①の動物で，親の体内である程度育ってから生まれることを何
というか，漢字2文字で書きなさい。

3 (4点×8-32点)

(1)	ホ乳類	
	ハ虫類	
	両生類	
	魚類	
(2)	①	
	②	
(3)		
(4)		

ワンポイント

(4) ホ乳類は恒温動物である。

Step ② 標準問題②

時間	合格点	得点
30分	70点	点

解答▶別冊14ページ

1 [セキツイ動物の分類] 次の文章は，イモリとヤモリについての先生と生徒の会話です。これについて，あとの問いに答えなさい。

1 (8点×3－24点)

(1)
(2)
(3)

ワンポイント

(2)ヤモリはハ虫類に，イモリは両生類に分類される。

生徒　先生，木の枝にトカゲのようなものがいますよ。

先生　あれはヤモリだね。

生徒　あっ，足下にも黒いトカゲのようなものが歩いていますよ。これもヤモリのなかまですか。

先生　これはイモリだね。

生徒　ヤモリとイモリとはよく似た名まえですが，同じなかまですか。

先生　同じなかまかどうか，からだの特徴や生活のようすを比べてみよう。まず，体表のようすに違いはありますか。

生徒　ヤモリは　a　でおおわれていますが，イモリは　b　でおおわれています。

先生　そうだね，　c　は　d　に弱いんだよ。ここの水たまりの中を見てごらん，　c　の幼生がいるよ。

生徒　ということは，　c　は子のときはえら呼吸，親になったら肺呼吸に変わるんですか。

先生　その通り。また，イモリとヤモリでは卵を産む場所も違っているよ。

---

(1) 文中のa～dにあてはまる語句の組み合わせとして，最も適当なものを次のア～エから1つ選び，記号で答えなさい。

	a	b	c	d
ア	しめった皮膚	うろこ	イモリ	乾燥
イ	しめった皮膚	うろこ	ヤモリ	水
ウ	うろこ	しめった皮膚	イモリ	乾燥
エ	うろこ	しめった皮膚	ヤモリ	水

重要 (2) ヤモリとイモリを比べた結果，ヤモリは何のなかまだと考えられますか。ヤモリと同じなかまの生き物として，最も適当なものを次のア～エから1つ選び，記号で答えなさい。

　ア　カメ

　イ　カエル

　ウ　ウナギ

　エ　ネズミ

(3) ヤモリやイモリのように，体温が周囲の温度に影響される動物を何といいますか。

〔沖縄－改〕

2 [セキツイ動物の分類] 図のA〜Eは，セキツイ動物が描かれた カードである。大輔さんは，それぞれの特徴を調べて表にまとめた。 これについて，あとの問いに答えなさい。

A	B	C	D	E
フナ	ハト	カエル	カメ	コウモリ

特徴 \ カード		A (フナ)	B (ハト)	C (カエル)	D (カメ)	E (コウモリ)
体温	変温動物である。	○		○	ア	
	恒温動物である。		○		イ	○
呼吸の しかた	えらで呼吸する 時期がある。	○		○	ウ	
	肺で呼吸する時 期がある。		○	○	エ	○
なかまの ふやし方	卵生である。	○	○	○	○	
	① である。					○

(1) セキツイ動物とはどのような動物か，簡潔に答えなさい。

(2) 表中の**ア〜エ**のカメの特徴のうち，○がつくものをすべて選び， 記号で答えなさい。

(3) 表の ① に適切な言葉を入れなさい。

(4) A〜Eの動物のなかま分けとして，適切なものはどれか。次の **ア〜エ**から1つ選び，記号で答えなさい。

	A (フナ)	B (ハト)	C (カエル)	D (カメ)	E (コウモリ)
ア	魚類	ホ乳類	両生類	ハ虫類	鳥類
イ	魚類	鳥類	両生類	ハ虫類	ホ乳類
ウ	魚類	ホ乳類	ハ虫類	両生類	鳥類
エ	魚類	鳥類	ハ虫類	両生類	ホ乳類

〔宮崎-改〕

2 (12点×4-48点)

(1)
(2)
(3)
(4)

ワンポイント

(4) コウモリは恒温動物であ り，ホ乳類に分類される。

3 [無セキツイ動物] 無セキツイ動物について，次の問いに答えな さい。

重要 (1) エビやクワガタなどの，からだが外骨格でおおわれ，からだや あしが多くの節に分かれている動物を何というか，書きなさい。

(2) イカを観察すると，内臓をおおっている筋組織を含む膜をもっ ていた。この膜を何とよぶか，書きなさい。

3 (14点×2-28点)

(1)
(2)

Step ③ 実力問題

解答▶別冊15ページ

1 次の表は，セキツイ動物であるイモリ，ウサギ，トカゲ，ハト，メダカの特徴を調べてまとめたものである。これについて，あとの問いに答えなさい。(23点)

	呼吸器官	体温	子の産み方	からだの表面
A	肺	気温によって変化	卵生	うろこ
B	X	気温によって変化	卵生	粘膜でおおわれた皮膚
C	肺	気温によらず一定	卵生	羽毛
D	肺	気温によらず一定	胎生	毛
E	えら	気温によって変化	卵生	うろこ

(1) 表中のDにあてはまる動物として，最も適当なものを，イモリ，ウサギ，トカゲ，ハト，メダカのうちから1つ選び，書きなさい。(5点)

(2) 表中のXにあてはまる呼吸器官として，最も適当なものを，次のア～エから1つ選び，記号で答えなさい。(5点)

　ア えら　　**イ** 肺　　**ウ** 幼生はえら，成体は肺と皮膚　　**エ** 幼生は肺と皮膚，成体はえら

(3) ハ虫類について，次の①，②の問いに答えなさい。

　①表中のA～Eのうち，ハ虫類に分類される動物はどれか，記号で答えなさい。(5点)

記述式 ②両生類と比較して，ハ虫類は陸上生活に適している。その理由を，「卵」「からだの表面」という語句を用いて書きなさい。(8点)

(1)		(2)	
(3)	①	②	

〔新潟－改〕

2 右の図は，シダ植物のからだのつくりとふえ方のしくみである。次の問いに答えなさい。(21点)

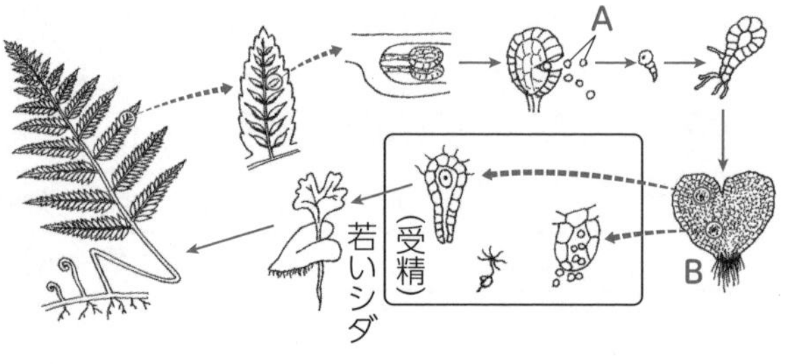

(1) 図のA，Bの名称を答えなさい。(各4点)

(2) シダ植物について正しいものを次のア～エから1つ選びなさい。(7点)

　ア 葉緑体があり，根・茎・葉の区別がある。　　**イ** 葉緑体がなく，根・茎・葉の区別がない。
　ウ 葉緑体がなく，根・茎・葉の区別がある。　　**エ** 葉緑体があり，根・茎・葉の区別がない。

(3) シダ植物であるものを，次のア～オから1つ選びなさい。(6点)

　ア ソテツ　　**イ** キノコ　　**ウ** サクラ　　**エ** スギゴケ　　**オ** ワラビ

(1)	A	B	(2)	(3)

〔沖縄－改〕

3 右の図は，マツの花のつくりを示したものである。次の問いに答えなさい。(6点×6−36点)

(1) マツの種子をルーペで観察するとき，ルーペの使い方として適当なものを**ア〜エ**から選びなさい。

　　ア ルーペとマツの両方を動かし，ピントを合わせる。

　　イ マツの種子は動かさず，ルーペを前後に動かす。

　　ウ ルーペを目から離し，マツの種子を前後に動かす。

　　エ ルーペを目に近づけ，マツの種子を前後に動かす。

(2) マツの種子になる部分はA〜Dのどこか。記号で答えなさい。

重要 (3) ①マツなどのように，胚珠が子房に包まれていない植物を何といいますか。

　　②マツのなかまを次の**ア〜カ**の植物から2つ選びなさい。

　　　　ア イチョウ　　**イ** ゼニゴケ　　**ウ** ツツジ　　**エ** スギ　　**オ** イネ　　**カ** スギナ

(4) ①(3)の**ア〜カ**の植物の中から花をつけない植物を2つ選びなさい。

　　②花をつけない植物は何によってなかまをふやしますか。

(1)	(2)	(3)	①	②	(4)	①	②

4 次の表は，セキツイ動物を，子のうまれ方，主な呼吸の方法，からだの表面のようすをもとに5つのなかまに分けたものである。表中の**ア〜オ**から，変温動物にあてはまるものをすべて選び，記号で答えなさい。(20点)

	ア	イ	ウ	エ	オ
子のうまれ方	陸上に卵をうみ，卵から子がかえる。	水中に卵をうみ，卵から子がかえる。	水中に卵をうみ，卵から子がかえる。	陸上に卵をうみ，卵から子がかえる。	母親の胎内である程度育ってから子がうまれる。
主な呼吸の方法	肺で呼吸をする。	子のときは主にえらで呼吸し，成長すると肺と皮膚で呼吸する。	えらで呼吸をする。	肺で呼吸をする。	肺で呼吸をする。
からだの表面のようす	羽毛でおおわれている。	皮膚はしめっている。	うろこでおおわれている。	かたいうろこでおおわれている。	毛でおおわれている。

〔埼玉−改〕

3(4)花をつけない植物には，シダ植物やコケ植物がある。

12 火山活動と火成岩

重要点をつかもう

1 火山活動

地下深くにある，高温のためとけた物質を**マグマ**といい，マグマが地表に流れ出たものや，それが冷えて固まったものを**溶岩**という。

2 火成岩

マグマが冷え固まってできた岩石を**火成岩**という。火成岩には，地表近くでできた**火山岩**と地中深くでできた**深成岩**がある。

3 火山岩

斑晶と**石基**からなる**斑状組織**。

4 深成岩

大きな結晶が組み合わさった**等粒状組織**。

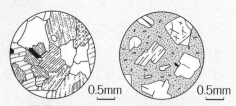

▲深成岩のつくり 0.5mm ▲火山岩のつくり 0.5mm

5 造岩鉱物

火成岩をつくる物質。

セキエイ チョウ石 クロウンモ
カクセン石 キ石 カンラン石

Step 1 基本問題

解答▶別冊15ページ

1 図解チェック 次の図の空欄に，適当な語句を入れなさい。

▶火山の種類◀

❶ い ←—— マグマの粘りけ ——→ ❷ い
❸ ←—— 噴火のようす ——→ ❹
❺ っぽい ←—— 溶岩の色 ——→ ❻ っぽい

▶火成岩の種類とつくり◀

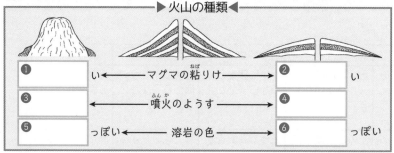
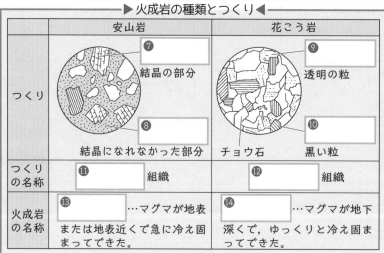

	安山岩	花こう岩
つくり	❼ 結晶の部分 ❽ 結晶になれなかった部分	❾ 透明の粒 チョウ石 ❿ 黒い粒
つくりの名称	⓫ 組織	⓬ 組織
火成岩の名称	⓭ …マグマが地表または地表近くで急に冷え固まってできた。	⓮ …マグマが地下深くで，ゆっくりと冷え固まってできた。

Guide

くわしく 火山とその形

①**おわんをふせた形の火山**…流れにくい溶岩（SiO_2が多い）でできた火山。
例 昭和新山
②**円錐形の火山**…溶岩と火山灰が交互に噴出してできた火山。
例 富士山
③**傾斜がゆるやかな形の火山** 流れやすい溶岩（SiO_2が少ない）でできた火山。
例 マウナロア
④**カルデラ**…多量の火山噴出物を放出したため，火口付近が大規模に陥没してできる。残された部分が外輪山。
例 阿蘇山

74

2 [火成岩の造岩鉱物] 下のア〜オは火成岩をつくる造岩鉱物である。次の問いに答えなさい。

(1) 花こう岩に多く含まれる造岩鉱物はどれか。3つ選び，記号で答えなさい。 [　]

(2) ガラスのように無色で透明な造岩鉱物はどれか。1つ選び，記号で答えなさい。 [　]

(3) 下の造岩鉱物のうち色のついているもの(有色鉱物)はどれか。3つ選び，記号で答えなさい。 [　]

ア クロウンモ　　**イ** チョウ石　　**ウ** キ石

エ セキエイ　　**オ** カンラン石

3 [火成岩のでき方と組織] 文中の[ ]内に適語を入れて文を完成させなさい。また，図の岩石の組織名と岩石の名称を答えなさい。

(1) マグマが冷えて固まってできた岩石を[　]という。

(2) マグマが地表または地表近くの浅い所で，急に冷えて固まってできた火成岩を[　]という。

(3) マグマが地下深い所でゆっくりと冷えて固まってできた火成岩を[　]という。

A 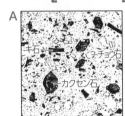　B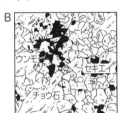

A　組織名 [　]　　名称 [　]
B　組織名 [　]　　名称 [　]

4 [火成岩の種類] 下の表は主な火成岩について表したものである。次の問いに答えなさい。

	つくり	火成岩の種類		
A岩	C組織	流紋岩	D岩	玄武岩
B岩	等粒状組織	E岩	閃緑岩	はんれい岩
岩石の色		(F)っぽい ←→ (G)っぽい		

(1) A岩，B岩は何ですか。
A [　]
B [　]

(2) Cの組織を何組織といいますか。 [　]

(3) D岩，E岩は何ですか。　D [　]　E [　]

(4) 岩石の色で，F，Gの( )に適語を入れなさい。
F [　]　G [　]

第1章
第2章
第3章
第4章
総仕上げテスト

くわしく　火成岩の造岩鉱物

①**セキエイ**…ガラスの割れ口のような割れ方。ガラスよりかたい。無色，白色，灰色。

②**チョウ石**…割れ口が平らでピカッと光る。岩石の表面には，その長方形の断面が現れている。白色，乳白色，ピンク色。

③**クロウンモ**…魚のうろこのようにうすくはがれる。黒色。

④**カクセン石**…長柱状。黒緑色，黒褐色。

⑤**キ石**…短柱状。黒緑色。

⑥**カンラン石**…粒状。淡緑色〜緑褐色。

くわしく　鉱物の結晶の形と鉱物の色

無色鉱物	セキエイ	
	チョウ石	
有色鉱物	クロウンモ	
	カクセン石	
	キ石	
	カンラン石	

注意　火成岩の種類と色

火成岩は造岩鉱物で構成されている。そのうち，無色鉱物の割合が多い岩石ほど色は白っぽく，有色鉱物の割合が多い岩石ほど色は黒っぽい。

Step 2 標準問題①

解答▶別冊16ページ

1 ［火山の形と火成岩］図１は，平成新山と三原山の写真である。これについて，あとの問いに答えなさい。

図1

平成新山　　　　　三原山

(1) 次の文中の①〜③について，それぞれ**ア**，**イ**のうち適切なものを１つずつ選び，記号を書きなさい。

> 火山の形の違い，噴火のようすは，火山のもととなったマグマの性質の違いによる。平成新山は三原山に比べて，粘りけが①（**ア** 強い　**イ** 弱い）マグマでつくられた。そのため，平成新山は三原山に比べて盛り上がった形の火山になり，噴出物の色は②（**ア** 黒っぽい　**イ** 白っぽい）色をしている。また，噴火のようすは比較的③（**ア** 穏やかである　**イ** 激しい）。

重要 (2) 次の文について，下の①，②に答えなさい。

> 図２は，三原山で見つけた火成岩を観察したときのスケッチである。岩石のつくりをみると，比較的大きな鉱物である斑晶が，細かい粒などでできた　A　という部分に囲まれている。このような岩石のつくりは　B　といい，この火成岩はマグマが　a　で，　b　ことにより形成されたと考えられる。

図2

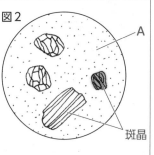

A
斑晶

①文中のA，Bにあてはまる語を書きなさい。

②文中のa，bにあてはまる語の組み合わせとして最も適当なものを，次の**ア〜エ**から１つ選び，記号で答えなさい。

	a	b
ア	地表近く	急に冷えた
イ	地表近く	ゆっくり冷えた
ウ	地表深く	急に冷えた
エ	地表深く	ゆっくり冷えた

〔和歌山－改〕

1 (8点×6－48点)

(1)	①	
	②	
	③	
(2)	①	A
		B
	②	

ワンポイント

(1)粘りけの強いマグマが噴出した火山はドーム状となり，粘りけの弱いマグマが噴出した火山は盾状となる。

2 [火成岩の種類] 次の資料は，太郎さんが，4種類の岩石A，B，C，Dを観察し，気付いたことをまとめたものである。これについて，あとの問いに答えなさい。ただし，4種類の岩石A，B，C，Dは，玄武岩，花こう岩，はんれい岩，砂岩のいずれかであることがわかっている。

資料　4種類の岩石の観察

|岩石の色|
・岩石Aが最も白っぽい。
・岩石Bと岩石Dは，どちらも黒っぽい。

|岩石のつくり|
・岩石Aと岩石Dは，それぞれ同じくらいの大きさの角ばった粒が組み合わさっている。
・岩石Bは，形がわからないほど小さな粒の間に，大きく角ばった粒が散らばっている。
・岩石Cは，同じくらいの大きさの丸みを帯びた粒が集まっている。

---

(1) 4種類の岩石のうち，岩石Bと岩石Cは何か。最も適当なものを，次の**ア〜エ**から1つ選び，記号で答えなさい。

ア 玄武岩　　　**イ** 花こう岩

ウ はんれい岩　**エ** 砂岩

(2) 4種類の岩石のうち，地下深くでゆっくり冷やされてできたと考えられるものはどれか。A〜Dの中からすべて選び，記号で答えなさい。

〔愛知－改〕

2 ((1)8点×2, (2)11点－27点)

(1)	岩石B
	岩石C
(2)	

┌─ ワンポイント ─┐
(2)マグマがゆっくりと冷やされることで，結晶は大きく成長する。

3 [火成岩の種類] 右の図は，火成岩のスケッチである。次の問いに答えなさい。

(1) この岩石は，火成岩のうち，火山岩，深成岩のどちらですか。

(2) この岩石のつくりを，何組織といいますか。

(3) この岩石は，花こう岩，安山岩のどちらですか。

(4) この岩石に含まれる黒い鉱物を何といいますか。

(5) この岩石と同じ種類の岩石を，次の**ア〜エ**の中からすべて選び，記号で答えなさい。

ア はんれい岩　**イ** 玄武岩

ウ 閃緑岩　　　**エ** 流紋岩

3 (5点×5－25点)

(1)	
(2)	
(3)	
(4)	
(5)	

Step 2 標準問題②

解答▶別冊16ページ

1 [火山と火成岩] 河原で採取した色の異なる2つの岩石X，Y を観察した。これについて，あとの問いに答えなさい。

　岩石X，Yをハンマーで割り，割れた面を歯ブラシでこすって きれいにした。次の図1と図2は，それぞれの岩石について割れ た面をルーペで観察したときのスケッチである。

　観察Ⅰ　岩石X，Yは，鉱物の種類とその形などから，マグマ が冷えて固まった岩石であることがわかった。

　観察Ⅱ　岩石Xには，図1のように無色透明で，不規則に割 れる鉱物Aと，黒色で薄くはがれる鉱物Bが見られた。また， つくりから，岩石Xは花こう岩であることがわかった。

　観察Ⅲ　岩石Yには，図2のように石基の間に比較的大きな緑 褐色の鉱物Cが散らばっていた。また，岩石Xの花こう岩に 比べると，全体的に黒っぽく，有色鉱物の割合が多かった。

図1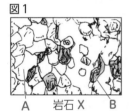
A　　岩石X　　B

図2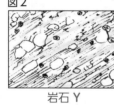
C
岩石Y

(1) **観察Ⅰ**について，次の①，②に答えなさい。

　①岩石X，Yのように，マグマが冷えて固まった岩石を何とい うか，書きなさい。

　②マグマが冷えて固まった岩石にあてはまらないものを，次の **ア〜エ**から1つ選び，記号で答えなさい。

　　ア 安山岩　　**イ** 石灰岩　　**ウ** 流紋岩　　**エ** 閃緑岩

(2) **観察Ⅱ**について，鉱物Aと鉱物Bの名称の組み合わせは どのようになるか。右の**ア〜カ**の中から最も適当なもの を1つ選び，記号で答えなさ い。

(3) **観察Ⅲ**について，鉱物Cのよ うな比較的大きな鉱物を何 というか，書きなさい。

1 (10点×4−40点)

(1)	①
	②
(2)	
(3)	

ワンポイント
(2) カンラン石の色は淡緑 色〜緑褐色(オリーブ 色)であり，形は粒状で ある。

	鉱物A	鉱物B
ア	カンラン石	クロウンモ
イ	クロウンモ	カンラン石
ウ	カンラン石	セキエイ
エ	セキエイ	カンラン石
オ	クロウンモ	セキエイ
カ	セキエイ	クロウンモ

〔福島−改〕

2 [火成岩と鉱物] 次の文章を読んで, あとの問いに答えなさい。

下の図は, 火山活動によってできた岩石のスケッチである。安山岩や花こう岩は, マグマが地下で冷えて固まった岩石であり, 凝灰岩（ぎょうかいがん）は, b 火山灰が降り積もって固まった岩石である。

安山岩　　　花こう岩　　　凝灰岩

鉱物
a
石基

(1) 下線部 a について, 安山岩にまばらに含まれている, 比較的大（ひかくてき）きな鉱物の部分を何というか, 書きなさい。

重要 (2) 下線部 b について, 火山灰に含まれている無色鉱物として, 最も適当なものを次の**ア**〜**エ**から1つ選び, 記号で答えなさい。

ア カンラン石　**イ** キ石　**ウ** セキエイ　**エ** 磁鉄鉱

〔新潟－改〕

2 (10点×2－20点)

(1)	
(2)	

> **ワンポイント**
> (2) 無色鉱物には, セキエイやチョウ石が含まれる。

3 [火成岩と鉱物]

右の図は, 2種類の岩石を顕微鏡（けんびきょう）で観察し, スケッチしたものである。次の問いに答えなさい。

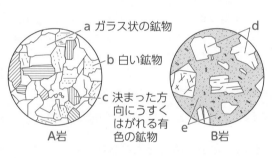

a ガラス状の鉱物
b 白い鉱物
c 決まった方向にうすくはがれる有色の鉱物
A岩
d
e
B岩

(1) A岩・B岩それぞれの岩石に見られる組織を何といいますか。

(2) A岩に含まれる a〜c の鉱物を, 次の中から選びなさい。

ア カクセン石　**イ** クロウンモ　**ウ** セキエイ

エ チョウ石

(3) A岩の名称（めいしょう）は何か。次の**ア**〜**エ**から選びなさい。

ア 玄武岩（げんぶがん）　**イ** 花こう岩　**ウ** 閃緑岩（せんりょくがん）　**エ** 安山岩

(4) B岩の d と e の部分をそれぞれ何といいますか。

(5) B岩の d と e の部分のそれぞれのでき方を, 次の**ア**〜**エ**から選びなさい。

ア 地下深くで, ゆっくりできた。

イ 地上近くへ上昇（じょうしょう）し, 急速に冷却（れいきゃく）された。

ウ 地上近くで, ゆっくり冷えた。

エ 地下深くで, 急速に冷却された。

〔暁高－改〕

3 (4点×10－40点)

(1)	A
	B
(2)	a
	b
	c
(3)	
(4)	d
	e
(5)	d
	e

13 地震と大地

第4章 大地の変化

重要点をつかもう

1 初期微動 地震が伝わってくる最初の小さな縦ゆれ。（速さのはやいP波による。）

2 主要動 あとからくる大きな横ゆれ。（速さのおそいS波による。）

3 初期微動継続時間 P波とS波の2つの波の到達時間の差を初期微動継続時間という。

4 震源と震央 地震が発生した地下の場所を震源といい，震源の真上の地表の地点を震央という。

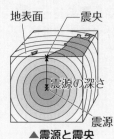
▲震源と震央

5 震度 地震のゆれの大きさ。10段階で表す。

6 マグニチュード 地震そのものの規模（エネルギーの大きさ）。

7 津波 海底で地震が起こったとき，海底の隆起や沈降により発生する大きな波。

8 プレートと地震の原因 地球の表面は，厚さ100kmほどの岩盤（プレート）でおおわれている。日本付近では，海洋プレートが大陸プレートの下にもぐりこんでいるため，この境界付近では，巨大な力がはたらき，ひずみが生じる。このひずみがもとにもどるとき，地震が発生する。

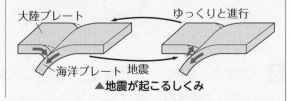
▲地震が起こるしくみ

Step 1 基本問題

解答▶別冊16ページ

1 図解チェック 次の図の空欄に，適当な語句を入れなさい。

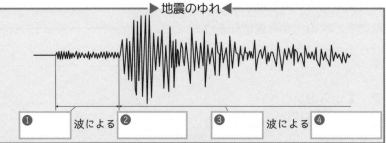

▶地震のゆれ◀

❶ 波による ❷　❸ 波による ❹

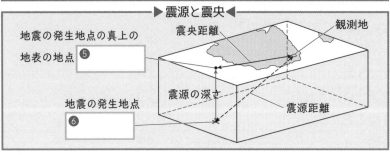

▶震源と震央◀

地震の発生地点の真上の地表の地点 ❺

地震の発生地点 ❻

Guide

地震計の構造 いろいろな構造のものがあるが，いずれも主要部は振り子と記録用紙をとりつける円筒である。振り子には，周期を長くするために，水平振り子，倒立振り子，ばねなどが用いられている。

地震のゆれ 初期微動（P波によるゆれ）と主要動（S波によるゆれ）がある。

2 [地震のゆれ] 地震について，次の文の中で正しいものには○印を，まちがっているものには×印を書きなさい。

(1) 地震は，ふつう，初めに小さくがたがたとゆれ，まもなくゆさゆさと大きくゆれる。 [　　　]

(2) 地震は主要動が大きいほど震源からは遠い。 [　　　]

(3) 地震は水平だけでなく，上下にもゆれる。 [　　　]

3 [地震計の記録] 右の図はある地震のゆれをA，B，Cの3観測所の地震計で記録したものである。観測所はAが

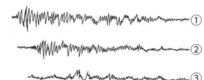

震央から最も近く，Cが震央から最も遠いものとする。図の①，②，③はそれぞれどの観測所の記録にあたりますか。

①[　　　]　②[　　　]　③[　　　]

4 [震源までの距離] 下の図はある地点の地震計の記録である。これについて，次の問いに答えなさい。

(1) 初期微動継続時間は何秒ですか。

[　　　]

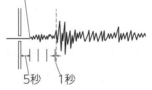
ゆれ始め
5秒　1秒

(2) P波とS波の速度がそれぞれ，7 km/s，4 km/sのとき，この観測地点から震源までの距離は約何kmか。四捨五入して整数で答えなさい。 [　　　]

5 [地震によって起こる現象] 地震によって，震央近くで起こる現象について，次の問いに答えなさい。

(1) 図は，地面のくいちがいである。これを何といいますか。 [　　　]

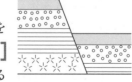

(2) 地震によって，①急に土地がもり上がること，②急に土地が沈むことをそれぞれ何といいますか。

①[　　　]　②[　　　]

6 [大地の変動] 右の図は，日本列島付近のプレートの動きを表している。A，Bを何というか，それぞれ答えなさい。

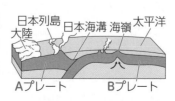
日本列島　日本海溝　海嶺　太平洋
大陸
Aプレート　Bプレート

A[　　　]　B[　　　]

くわしく　**地震計の記録**
水平動の地震計には，縦に振動する波はほとんど記録されない。どの観測地でも，地震の振動は主に下から伝わってくる。そこで，最初に到達するP波は縦の方向の振動になる。このため，P波のみによる振動(初期微動)は地震計に大きく表れない。

ことば　**マグニチュード**
地震の規模を表すものがマグニチュードである。マグニチュードが1大きくなると，エネルギーは約32倍になる。

ことば　**初期微動継続時間**
初期微動が伝わってから主要動が伝わるまでの時間を初期微動継続時間といい，初期微動継続時間は震源からの距離に比例する。

くわしく　**地震によって起こる現象**
大きな地面のくいちがい(断層)や急に土地がもり上がったり，沈んだりする現象が起こる。また，がけくずれ，地割れ，土砂と水がふき出す液状化が起こることもある。

注意　**震源の深さ**
多くの地震は，地下数kmから数10kmの深さの所で起こるが，日本海側の地震のように数100kmの深さで起こるものもある。

重要 **1** [地震と震源] 右の図は，地下のごく浅い場所で発生した地震について，地点Aにおける地面のゆれを地震計で記録したものの一部であり，図中のXははじめに観測された小さなゆれを，Yは後から観測された大きなゆれを示している。また，次の表は，この地震のゆれを観測した地点B～Dにおける，震源からの距離(きょり)と図中のX・Yのそれぞれにあたるゆれが始まった時刻を示したものである。これについて，あとの問いに答えなさい。

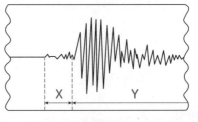

1 ((1)5点×2，(2)8点－18点)

	X	
(1)		
	Y	
(2)		

ワンポイント

(2)初期微動継続時間は，震源からの距離に比例する。

地点	震源からの距離	Xにあたるゆれが始まった時刻	Yにあたるゆれが始まった時刻
B	84 km	10時53分52秒	10時54分04秒
C	98 km	10時53分54秒	10時54分08秒
D	42 km	10時53分46秒	10時53分52秒

(1) 図中のX，Yのゆれを何というか，ひらがな6字で書きなさい。

(2) この地震において，地点Aでは図中のXのゆれが8秒間続いた。表から考えて，震源から地点Aまでの距離は何kmか求めなさい。ただし，地点A～Dの標高はすべて等しく，地震の波はどの方向にも一定の速さで伝わるものとする。　〔京都－改〕

2 [震度とマグニチュード] 地震について，次の問いに答えなさい。

(1) 次の①，②にあてはまる適当な数を書きなさい。

　気象庁は，地震によるゆれの大きさを，最も小さいものを震度0，最も大きいものを震度7とし，震度　①　と震度　②　をそれぞれ強・弱に分けた，10段階の震度階級で表している。

(2) 次の文の①，②の[　　　]の中から，それぞれ最も適当なものを1つずつ選び，その記号を書きなさい。

　マグニチュード7の地震のエネルギーは，マグニチュード6のエネルギーの①[**ア** 約1.2倍　　**イ** 約32倍]である。また，マグニチュード7の地震とマグニチュード6の地震が，それぞれ同じ地点において同じ震度で観測されたとき，②[**ウ** マグニチュード7　　**エ** マグニチュード6]の地震の方が，震源までの距離が近い。　〔愛媛－改〕

2 (10点×4－40点)

(1)	①	
	②	
(2)	①	
	②	

ワンポイント

(2)震度は地震のゆれの大きさを，マグニチュードは地震のエネルギーの大きさを表している。

3 [地震と震源] 右の図は，1970年から1997年までに，日本付近で発生したマグニチュード5.0以上の主な地震の震央分布を示したものである。次の問いに答えなさい。

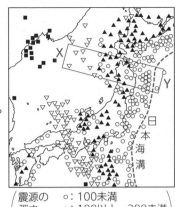

震源の深さ〔km〕
○：100未満
▲：100以上〜300未満
▽：300以上〜500未満
■：500以上

(1) マグニチュードと震度はどのように違うか，次の**ア〜エ**から1つ選び，記号で答えなさい。。

ア マグニチュードは，地震の規模であり，震度はゆれの大きさである。

イ マグニチュードは，ゆれの大きさであり，震度は地震の規模である。

ウ マグニチュードは，震度計で測定された値であり，震度は被害の大きさである。

エ マグニチュードは，震度に地震の継続時間をかけたものであり，震度は震度計のゆれの大きさである。

(2) マグニチュードが2上がると，エネルギーは何倍になるか，答えなさい。

(3) 図中のＸ，Ｙの□□□で囲んだ地域における震源の深さの分布を，模式的に表すとどうなるか。次の**ア〜エ**から選びなさい。

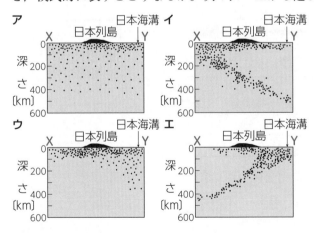

ア
日本列島　日本海溝
深さ〔km〕 0 200 400 600

イ
日本列島　日本海溝
深さ〔km〕 0 200 400 600

ウ
日本列島　日本海溝
深さ〔km〕 0 200 400 600

エ
日本列島　日本海溝
深さ〔km〕 0 200 400 600

重要 (4) (3)の答えからどのようなことがわかるか。次の文章中の①〜③に適当な語を入れなさい。

　海洋プレートと大陸プレートがぶつかり，□①□プレートが□②□プレートの下に入りこむことにより，□③□プレートに沿って地震が発生しているようすがよくわかる。

[愛媛−改]

3 (7点×6−42点)

(1)	
(2)	
(3)	
(4)	①
	②
	③

ワンポイント

(1) その場所での地震のゆれの程度を震度といい，0〜7の10段階に分けて表している。震度計を用いて測定している。

(3) 震源までの深さを地図上の記号でしっかり読みとる。

(4) 震源が大陸に向かって深くなっていることから，海洋のプレートが地中深く入りこんでいることがわかる。

Step 2 標準問題②

解答▶別冊17ページ

1 [地震のゆれの伝わり方] 図1は，初期微動継続時間と震源からの距離との関係をグラフに表したものである。これについて，次の問いに答えなさい。

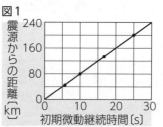

図1　震源からの距離〔km〕／初期微動継続時間〔s〕

1 (6点×9−54点)

(1)	①
	②
	③
	④
(2)	
(3)	→　　　→
(4)	
(5)	
(6)	

(1) この地震の発生後，ある地点では，初めにカタカタと小さくゆれ，ついでユサユサと大きくゆれた。次の文章は，このような現象が起こる理由を説明したものである。①〜④にあてはまる語句を書きなさい。

　　初めの小さなゆれを初期微動，あとにくる大きなゆれを（①）といい，（①）を伝える波のほうが，初期微動を伝える波より伝わる速さが（②）ため，2種類のゆれが起こる。これは，雷の（③）が（④）よりおくれて伝わることと同じ理由である。

記述式 (2) 図1から，初期微動継続時間と震源からの距離との間には，どのような関係があるといえるか。簡単に書きなさい。

(3) 図2のA〜Cは，3つの地点で観測されたこの地震のゆれの記録である。A〜Cを震源に近いものから順に並べ，記号で答えなさい。

図2

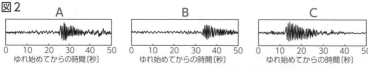

A　　　　　　　　B　　　　　　　　C
0 10 20 30 40 50　0 10 20 30 40 50　0 10 20 30 40 50
ゆれ始めてからの時間〔秒〕

重要 (4) 右の表は，2つの地点X，Yにおいて，この地震のP波の到着時刻と初期微動継続時間を記録したものである。

	P波の到着時刻	初期微動継続時間
地点X	5時47分08秒	12秒
地点Y	5時47分32秒	30秒

この地震の発生時刻は5時何分何秒か，求めなさい。

(5) 図3は，地震計のしくみを示したものである。地震のとき，図3の矢印の向きにほとんど動かない部分はどこか。ア〜エから1つ選び，記号で答えなさい。

図3

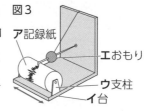

ア記録紙　エおもり　ウ支柱　イ台

(6) 図のような地震計で記録される振動は，次のどれですか。
〔水平動　　上下動　　水平動と上下動〕　　〔大分−改〕

ワンポイント

(2) 初期微動継続時間は，震源から遠くなるほど長くなる。

(5) 下の図は，上下方向のゆれを記録する上下動地震計である。

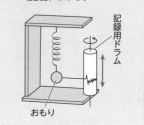

記録用ドラム／おもり

2 [地震] 地震に関する次のア～カの文章の中から正しいもの
を2つ選び，その記号を書きなさい。

ア 震度は1～7までの7段階で表す。

イ 地震には，からだに感じないものもある。

ウ 震源からの距離が同じであれば，震度は必ず同じ大きさになる。

エ マグニチュードが小さな地震では，大きな被害をもたらすこと
はない。

オ 震源が深い地震ほど，マグニチュードが大きい。

カ 海底で地震が起こると津波が発生することがある。

〔茨城－改〕

2 (14点)

ワンポイント

マグニチュードは，地震そのものの規模で，マグニチュードが小さくても，地下の浅い所で起こる地震は，震度が大きい。

---

3 [地震のしくみと大地の変化] 地震について，次の問いに答えな
さい。

(1) 下の文章は，将来日本列島の太平洋側で起こると予想される大
地震のしくみについて，述べたものである。文中の2つの[　]
にあてはまる語句を，それぞれ1つずつ選び，記号で答えなさい。

　日本列島付近では，太平洋側のプレート(海洋プレート)が，
大陸側のプレート(大陸プレート)の下に沈みこんでいる。この
ため，①[ア 太平洋側　イ 大陸側]のプレートが引きずられ
て，先端部が沈降する。その変形が限界に達すると，破壊や反
発により，②[ウ 太平洋側　エ 大陸側]のプレートの先端部
が隆起して地震が起こる。

(2) 地震が起こったときなどにできる，地層や土地がずれたものは，
一般に何とよばれるか。その名称を書きなさい。

〔香川－改〕

3 (6点×3－18点)

	①	
(1)	②	
(2)		

ワンポイント

(1)一方のプレートがもう一方のプレートの下にしずみこむ海溝で，地震がよく発生する。

---

4 [地震の波と震源] 右の図は，地
震の波の到達時刻と震源までの距
離との関係を示したものである。
次の問いに答えなさい。

重要!!(1) 図から，この地震が発生した時
刻はおよそ何時何分何秒ですか。

(2) 図から，この地震の主要動の伝
わる速さは，何km/sですか。

〔島根－改〕

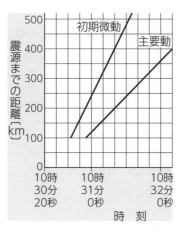

4 (7点×2－14点)

(1)

(2)

ワンポイント

(2)初期微動や主要動の伝わる速さは，距離÷時間　で求められる。

Step 3 実力問題①

時間	合格点	得点
30分	70点	点

解答▶別冊17ページ

1 火成岩に関して，次のモデル実験を行った。これについて，あとの問いに答えなさい。(50点)

① 図1のように75℃の湯100 cm³にミョウバン60 gを溶かした水溶液を2つのペトリ皿A・Bに分けて，両方とも65℃の湯につけた。

② ペトリ皿Aは途中で氷水に移し，ペトリ皿Bはそのままにして，ペトリ皿A・Bのようすを観察した。図2は，十分な時間をおいた後の，ペトリ皿A・Bの結晶のようすである。

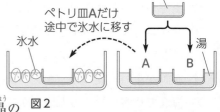

図1

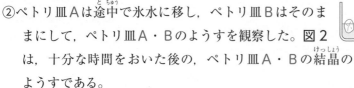

図2

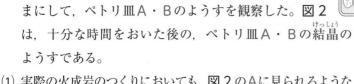

(1) 実際の火成岩のつくりにおいても，図2のAに見られるような，周囲を非常に細かい粒に囲まれた，比較的大きな結晶が見られる。このような結晶を何というか，書きなさい。また，図2のBに見られるような，大きな結晶が組み合わさった火成岩のつくりを何というか，書きなさい。

(各8点)

✎記述式 (2) 図2のA・Bの結晶のようすに違いが生じたのはなぜか，その理由を，A・Bそれぞれの温度変化に着目して書きなさい。(14点)

(3) 図3は，火成岩の分布を模式的に表したものである。次の文が正しくなるように，文中の①・②について，ア・イのいずれかをそれぞれ選びなさい。(各10点)

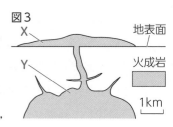

図3

　図2のBと同じようなつくりを示す火成岩の種類は，①[ア 深成岩　イ 火山岩]であり，最も多く分布する場所として正しいのは，図3の②[ア X　イ Y]である。

(1)	A	B		
(2)			(3)①	②

〔徳島-改〕

2 右の図は，火山の断面を模式的に示したものである。文中の①，②にあてはまる語句を，あとのア〜エから選び，記号で答えなさい。

(10点×2-20点)

A

B

　Aの火山では，Bの火山に比べて，マグマの粘りけが ① ので，② 噴火をする。

ア 強い　イ 弱い　ウ 穏やかに溶岩を流し出す　エ 爆発的な

①	②

〔群馬-改〕

3 次の文章を読み，あとの問いに答えなさい。(10点×3-30点)

　図1は，日本付近に集まっている4枚のプレートを示したものである。図1の2枚の陸のプレートは境界がはっきりしていないため，現在考えられている境界を-----線で示している。

　図2は，図1の□□□で示した範囲と同じ範囲における，2000年から2009年までに起こったマグニチュード5以上の地震の震央(しんおう)の分布を，□□□に示す震源の深さで分類して表したものである。

　プレートの境界部周辺には常にさまざまな力が加わってひずみが生じており，プレートのひずみやずれが日本付近の大規模な地震の主な原因と考えられている。

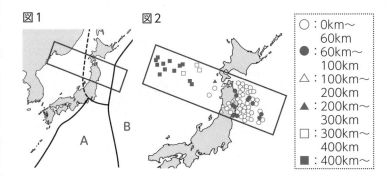

図1　図2

○：0km～60km
●：60km～100km
△：100km～200km
▲：200km～300km
□：300km～400km
■：400km～

(1) 図1中のA，Bのプレートの名まえを，それぞれ**ア**～**エ**から選び，記号で答えなさい。

　　ア ユーラシアプレート　　**イ** 北米プレート
　　ウ 太平洋プレート　　　　**エ** フィリピン海プレート

難問 (2) 図1，図2から，プレートの境界で起こる地震について，プレートの動きと図1の□□□で示した範囲で起こった地震の震源の深さとの関係について述べたものとして適切なものはどれか，次の**ア**～**エ**から選び，記号で答えなさい。

　　ア 海のプレートが日本列島付近で陸のプレートの下に沈(しず)み込んでいて，震源は太平洋側で浅く，大陸側で深い。

　　イ 海のプレートが日本列島付近で陸のプレートの下に沈み込んでいて，震源は太平洋側で深く，大陸側で浅い。

　　ウ 陸のプレートが日本列島付近で海のプレートの下に沈み込んでいて，震源は太平洋側で浅く，大陸側で深い。

　　エ 陸のプレートが日本列島付近で海のプレートの下に沈み込んでいて，震源は太平洋側で深く，大陸側で浅い。

(1)	A	B	(2)

〔東京－改〕

1 (2)ペトリ皿Aは急に冷やされ，ペトリ皿Bはゆっくり冷やされている。
3 (2)海のプレートと陸のプレートでは，海のプレートの方が密度が高い。

14 地層と過去のようす

🎯 重要点をつかもう

1 風 化

岩石が風や水，温度変化などのはたらきによって砂や泥に変わること。

2 流水のはたらき

①**侵食**：風化した岩石をけずりとる。②**運搬**：れきや砂，泥を運ぶ。③**堆積**：運搬してきたものを積もらせる。

3 地 層

流水によって運ばれた泥・砂・れきは，海底にたまって，地層をつくる。

4 断層としゅう曲

地震などにより地層に食い違いができた地形を**断層**といい，地層に力が加わり，波打つように曲がった地形を**しゅう曲**という。

5 堆積岩

土砂や生物の遺がい，火山灰などが堆積し，おし固められて岩石になったもの。化石を含むことがある。

6 示相化石

地層ができたときの**環境がわかる**化石。

7 示準化石

地層ができたときの**時代がわかる**化石。

サンゴ
（あたたかく，浅くてきれいな海）
▲示相化石

サンヨウチュウ
（古生代）

アンモナイト
（中生代）
▲示準化石

Step 1 基本問題

解答▶別冊18ページ

1 図解チェック⚡ 次の図や表の空欄に，適当な語句を入れなさい。

▶地層のでき方◀

流水のはたらき
上流の川の流れによって
岩が ❶ □ される。

中流で細かくくだかれ
下流へと ❷ □ される。

泥や砂は海底に
❸ □ していく。

海岸　れき　海

地層のでき方
浅い←海の深さ→ ❹ □

速い←流れの速さ→ ❺ □

❻ □ ←運ばれる粒子の大きさ→細かい

❼ □　❽ □

▶堆積岩◀

❾ 泥でできている	❿ 砂でできている	⓫ れきでできている
粒の直径0.06mm未満	粒の直径0.06〜2mm	粒の直径2mm以上

Guide

【ことば】川の三作用
①侵食…岩石がけずられる。
②運搬…下流へ運ばれる。
③堆積…流速のおそい所で堆積する。

【くわしく】土砂の堆積
海底のように静かな水底に堆積する場合は粒度がそろっている。小さな粒ほど水中を沈む速度が小さいので，遠くまで運ばれ，岸から遠い海底に堆積する。

【ことば】堆積岩
堆積岩は粒の大きさによって分けられている。粒の形は丸みをおびている。

2 [堆積岩の種類] 次の文章は，いろいろな堆積岩の特徴を説明した文である。それぞれに適当な岩石名を答えなさい。

(1) 生物の遺がいが固まってできていて，塩酸をかけると溶ける。

[　　　　　　　　]

(2) 泥（粒の直径 0.06 mm 未満）が固まっている。 [　　　　]

(3) 砂（0.06 〜 2 mm 未満）が固まっている。 [　　　　]

(4) れき（2 mm 以上）が固まっている。 [　　　　]

(5) 火山灰や火山れきなどが固まっている。 [　　　　]

3 [地層のようす] 右の図は，ある場所で見られた地形を模式的に表したものである。①，②の地形を何というか，それぞれ答えなさい。

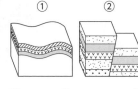

① [　　　　]　② [　　　　]

4 [地質時代と化石] 下の表は，地質時代とその時代に繁栄した生物の化石を示している。空欄にあてはまる語を下から選んで書き入れなさい。

年代	時代	動物	植物
[①] 　　　　 年前	新生代	[④] 　　　　 マンモス	[⑧]
[②] 　　　　 年前	中生代	恐竜 [⑤]	[⑨]
[③] 　　　　 年前	古生代	[⑥] 　　　　 [⑦]	シダ植物 藻類
		海にすむ 単細胞の動物	原始的な 海の植物

1000 万	2 億 5000 万	5 億 3900 万	10 億
サンヨウチュウ	アンモナイト	人類	フズリナ
裸子植物	被子植物	6600 万	

5 [地層のようす] 右の図はあるがけの露頭を観察したスケッチである。次の問いに答えなさい。

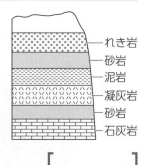

れき岩
砂岩
泥岩
凝灰岩
砂岩
石灰岩

(1) 泥岩の層の中からアンモナイトの化石が見つかった。泥岩の層が堆積したのは，何時代と考えられますか。

[　　　　　　]

(2) (1)のように，地層が堆積した年代を知る手がかりになる化石を何といいますか。 [　　　　]

れき岩・砂岩・泥岩
土砂が堆積してできた岩石で，構成する粒子の大きさで区分する。ほかに火山灰が堆積してできた凝灰岩，生物の遺がいが堆積してできた石灰岩・チャートなどがある。

示相化石と示準化石
①示相化石…地層の堆積した環境を示す。生存環境が限定され，現在も生息しているか，それに近い生物が現存している生物の化石。
②示準化石…地層の堆積した時代を示す。生存期が短く（進化がはやく），全地球的に広く繁栄した生物の化石。

化石の発見
地層の年代が古生代以降になると，多くの化石が発見されるようになった。

露頭
地層が現れている所を露頭という。露頭の表面は，温度変化や水のはたらきで，ぼろぼろである。このような現象を風化という。

地層の新旧
海や湖の流れのゆるやかな所で，堆積物はゆっくりと上に重なっていく。一般に下位の地層ほど古く，上位の地層ほど新しい。

【　　月　　日】

Step 2 標準問題①

時間 30分　合格点 70点　得点　　点

解答▶別冊18ページ

1 ［地層と化石］A石灰岩（せっかいがん）やBチャートについて学習した友里さんは，これらの岩石を採集して，次の観察を行った。これについて，あとの問いに答えなさい。

観察　①石灰岩とチャートの表面を比べると，石灰岩には図1の写真のようなCフズリナの化石が見られたが，チャートには見られなかった。

図1

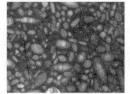

②ペトリ皿に置いた石灰岩とチャートに，それぞれうすい塩酸をかけると，石灰岩からはD気体が発生したが，チャートからは発生しなかった。

重要 (1) 下線Aには，サンゴの骨格を含（ふく）むものがある。サンゴの骨格が堆積（たいせき）した当時の海の環境（かんきょう）を表すものを，次の**ア**～**エ**から2つ選び，記号で答えなさい。

ア 冷たい　**イ** あたたかい　**ウ** 浅い　**エ** 深い

(2) 下線Bはどのような岩石か。最も適切なものを，次の**ア**～**エ**から選び，記号で答えなさい。

ア 海底で生物の遺（い）がいや水に溶（と）けこんでいた成分が堆積して固まった岩石

イ 火山の噴火によって噴出した火山灰や軽石などが堆積して固まった岩石

ウ 風化や侵食（しんしょく）によってできた岩石の粒が海や湖の底に堆積して固まった岩石

エ マグマが地表や地表近くで急速に冷えて固まった岩石

記述式 (3) 下線Cは古生代の示準化石である。示準化石はどのような特徴（とくちょう）をもつ生物が化石になったものか。簡潔に書きなさい。

(4) 下線Dについて，発生した気体は何か。名称（めいしょう）を書きなさい。

(5) 図2は，友里さんが岩石を採集する途中（とちゅう）で見かけた地層を写真に記録したものである。水平に堆積した地層が図2のように変化するときにはたらく「力の向き」を，次の**ア**，**イ**から選び，記号で答えなさい。

図2

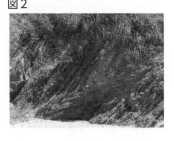

1 (10点×6－60点)

(1)		
(2)		
(3)		
(4)		
(5)	力の向き	
	名称	

ワンポイント
(3) 示準化石は地層がいつの時代に堆積したものかが分かる化石である。

また，地層が図2のように変形することを何というか。名称を書きなさい。

〔山口－改〕

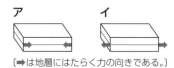

[➡ は地層にはたらく力の向きである。]

2 [堆積のようす] 海に流れこんだ土砂が堆積するようすについて調べるため，次の実験Ⅰ，Ⅱを行った。これについて，あとの問いに答えなさい。

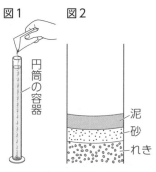

実験Ⅰ　図1のように，円筒の容器に水を満たし，れき，砂，泥を混ぜた土砂を注ぎ，粒の積もり方を観察した。図2は，容器に積もった粒のようすを模式的に示したものである。

実験Ⅱ　図3のように，トレーにれき，砂，泥を混ぜた土砂をもり，全体を少し傾けて水を入れた。斜面の上から静かに水をかけ，粒の積もり方を観察した。図4は，実験後のトレーについて，上から見たようすを模式的に示したものである。

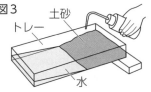

(1) 次の①～③の[　]の中からそれぞれ正しいものを1つずつ選び，記号で答えなさい。

　　実験Ⅰ，Ⅱのうち，粒の大きさと運ばれる距離との関係を調べるのに適した実験は①[ア　実験Ⅰ　　イ　実験Ⅱ]で，粒の大きさが②[ア　大きい　　イ　小さい]ほど遠くまで運ばれて積もることがわかる。また，もう一方の実験は，粒の大きさと沈む速さとの関係を調べるのに適した実験で，粒の大きさが大きいほど③[ア　速く　　イ　ゆっくり]沈んで積もることがわかる。

重要 (2) 実験Ⅰ，Ⅱの結果から考えたとき，海に流れこんだれき，砂，泥の堆積のようすを表した断面図として適当なものを，次のア～カから1つ選び，記号で答えなさい。

〔熊本－改〕

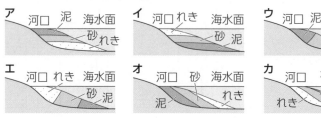

2（10点×4－40点）

(1)	①	
	②	
	③	
(2)		

┌─ **ワンポイント** ─┐

(1) **実験Ⅰ**と**実験Ⅱ**はどちらも土砂が堆積するようすを調べる実験であるが，堆積する環境が異なっていることに注意する。

図4

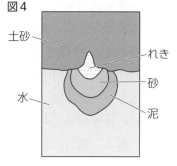

Step **2** 標準問題②

	時間	合格点	得点
	30分	70点	点

解答▶別冊18ページ

1 [地層の観察] 次の問いに答えなさい。

1 (10点×6−60点)

(1)	①
	②
	③
(2)	①
	②
	③

(1) 地質年代と化石について，次の問いに答えなさい。

①次の文は，地質年代について述べたものである。文中の[　]にあてはまる地質年代を何というか，書きなさい。

　　地質年代は，古いほうから古生代，[　　　]，新生代とよばれる。

②限られた時代の地層にしか見られず，地層が堆積(たいせき)した年代を示すよい目印となる化石を何というか，書きなさい。

③化石として見つかった次の**ア～エ**の生物を，生きていた年代の古い順に並べ，記号を書きなさい。

　ア ティラノサウルス

　イ ビカリア

　ウ ナウマンゾウ

　エ フズリナ

(2) ある地域の地点P～Rで，地層のようすを調べた。地点P～Rの地表の海面からの高さ(海抜)(かいばつ)はそれぞれ7.0 m，9.0 m，10.0 mである。図は，地点P～Rの地表から深さ5.0 mまでの地層の重なり方を表した柱状図である。なお，この地域に見られる

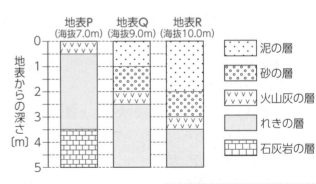

地層は，すべて水平に広がっており，それぞれの層の厚さは一定である。また，この地域では，地層は上の層ほど新しく，断層はないものとする。これについて，次の問いに答えなさい。

ワンポイント

(2)③海抜高度が上昇するにつれて，れき層の深さが変化している。

①この地域に見られる石灰岩(せっかいがん)の層の一部をとり出し，うすい塩酸をかけると気体が発生した。この気体は何か，書きなさい。

②地点Qで地表から真下に掘りすすめるとき，石灰岩の層が現れるのは地表からの深さが何mのところか，書きなさい。

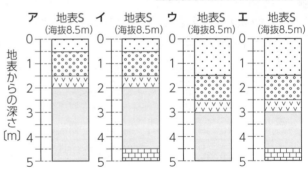

③この地域で，地表の海面からの高さ（海抜）が8.5mの地点S での柱状図として最も適当なものを，前ページの**ア**〜**エ**の中から1つ選び，記号で答えなさい。〔佐賀−改〕

要り**2** [地層と化石] 果歩さんは，地層が地表に現れている所へ行き，安全なことを確かめてから観察を始めた。下の図は，地層のようすをスケッチしたものである。これについて，次の問いに答えなさい。

(1) 地層に上下の逆転はないことがわかっているとき，もっとも古くに堆積（たいせき）したのはどの地層だと考えられるか。適切なものを，図中のA層〜D層から1つ選び，記号で答えなさい。

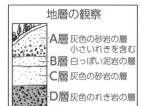

地層の観察
A層 灰色の砂岩の層 小さいれきを含む
B層 白っぽい泥岩の層
C層 灰色の砂岩の層
D層 灰色のれき岩の層

(2) 地層から化石が見つかることもある。サンゴやブナなどの化石は，地層ができた当時の環境（かんきょう）を推定する手がかりとなる。このような化石を何というか。また，サンゴの化石が出てきた地層は，その当時どのような環境であったと考えられるか。最も適切なものを，次の**ア**〜**エ**から1つ選び，記号で答えなさい。

ア 示相化石という。その地層ができた当時は，あたたかくて浅い海であったと考えられる。

イ 示相化石という。その地層ができた当時は，あたたかくて深い海であったと考えられる。

ウ 示準化石という。その地層ができた当時は，あたたかくて浅い海であったと考えられる。

エ 示準化石という。その地層ができた当時は，あたたかくて深い海であったと考えられる。

(3) 次の文は，果歩さんが図の地層のでき方についてまとめたものの一部である。**ア**にはC層，D層のどちらかを入れ，**イ**には適切な言葉を入れなさい。

まとめ（一部）
　C層ができたときと，D層ができたときとを比べると，この地点が河口や岸から離（はな）れていたと考えられるのは　**ア**　ができたときである。そのように考えた理由は，土砂が流れこんでくる海や湖では，粒（つぶ）の大きさが　**イ**　粒の方が，河口や岸から遠く離れた所まで運ばれるからである。

〔宮崎−改〕

---

2 （10点×4−40点）

(1)	
(2)	
(3)	ア
	イ

ワンポイント

(2) ブナの化石の存在は，当時は冷涼な環境であったことを示す。

15 自然の恵みと火山・地震災害

━━🎯 重要点をつかもう━━

1 火山による災害

①**火砕流**：噴火により放出された火山灰や岩石，火山ガス，空気，水蒸気が一体となって地表に沿って流れる現象。速さは時速数10 km〜数100 kmと，非常に速い流れである。溶岩の粘りけの大きな雲仙普賢岳などで大きな被害となった。

②**溶岩流**：溶岩が地表を流れ下る現象。溶岩の粘りけの小さな三宅島などで発生。

③**火山灰**：直径2 mm以下の火山砕せつ物。桜島では多くの降灰がある。

2 地震発生と災害

①**直下型(内陸型)地震**：地下にある活断層が動いて起こる。建物が倒壊するなどの直接的な被害が大きくなる。

②**海溝型地震**：海溝沿いを震源とする地震。津波をともなうことがある。

③**地震によるその他の災害**：地滑り，土石流。

3 自然からの恩恵

火山活動により，美しい景観・温泉などができ，保養地として利用される。地下のマグマの熱を利用した地熱発電も行われている。

Step 1 基本問題

解答▶別冊19ページ

1 図解チェック⚡ 次の図の空欄に適当な語句を入れなさい。

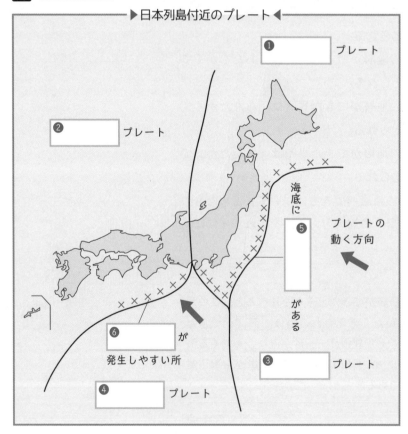

▶日本列島付近のプレート◀

① _____ プレート

② _____ プレート

海底に ⑤ _____ がある

プレートの動く方向

⑥ _____ が発生しやすい所

③ _____ プレート

④ _____ プレート

Guide

ことば **プレート**
地殻を含む厚さが100 kmほどの岩石の層で，地球表面をおおう十数枚の板状のようなもの。
このプレートが移動するためにその上にある大陸や島も移動することになる。
また，プレートが衝突するような場所では地震や火山活動が活発である。

2 [地震による災害] 次の文の [　] に適する語句を入れなさい。

2011 年 3 月 11 日に，プレートの沈みこみにともなって発生した [① 　　　　　　　　　　] では，[② 　　　　　　] が発生し，太平洋沿岸部において広範囲の被害が発生した。このような，震源が海溝付近の海底である地震を [③ 　　　　　　] 地震とよび，[②] をともなうことが多い。近い将来，[④ 　　　　　　](日本の四国の南側に存在するユーラシアプレートとフィリピン海プレートの境界)付近で発生すると考えられている地震も [③] 地震であり，[②] による被害が想定されている。

海溝型地震とは異なる地震として，1995 年に発生した兵庫県南部地震のような内陸の [⑤ 　　　　　　] が活動することで起こる [⑥ 　　　　　　] 地震は，震源と震央の距離が [⑦ 　　　　　] ことが多く，マグニチュードが小さくても震度が [⑧ 　　　　　] なりやすい。そのため，海溝型地震と比べ，ゆれによる直接的な建物の倒壊などが [⑨ 　　　　　　]。

3 [火山による恩恵と災害] 次の文の [　] に適する語句を入れなさい。

日本には 100 以上の火山が存在する。日本の国立公園の多くは [① 　　　　] 地域にある。これは過去の噴火によって形成された美しい景観や，地下の熱水を利用した [② 　　　　] が存在するからである。また，地下の熱水やその熱水から生じる水蒸気を利用した [③ 　　　　] 発電も利用されている。また，噴火によって生じた火山灰は人々の生活に役立つ。例えば，火山灰を利用したガラス製品などの [④ 　　　　] や，火山灰がつくる土壌は [⑤ 　　　　] の栽培に適している。

火山は一方で，噴火によって深刻な災害をもたらす。火山が噴火したときに，噴出するものとして [⑥ 　　　　] や [⑦ 　　　　]，[⑧ 　　　]，[⑨ 　　　] などがある。火山が噴火した際に発生する主な現象には [⑩ 　　　　] と [⑪ 　　　　] がある。[⑩] とは，溶岩が火山の斜面を流れ下る現象のことで，建物や森林を消失させるが，流れる速度は [⑫ 　　　　] であるため，山麓の住民は避難がしやすい傾向がある。しかし，[⑪] は火山灰や溶岩などが [⑬ 　　　　] とともに高速で流れ下る現象で，深刻な被害を起こしやすい。

くわしく 活断層
最近の数十万年間に地震によって動き，ずれの量を蓄積させ，活動をくり返した断層で，今後も動くことが予想される断層のこと。兵庫県南部地震は，活断層が動いたことによって引き起こされた。

ことば 津波
海底で起こった噴火や地震，地すべりなどによって，海面や湖面が異常に高くなった波を津波という。

ことば 火砕流
噴火によって生じた火山ガス・火山灰・火山弾などが山の斜面を急速に流れ落ちる現象をいう。家畜・農地・山林・家屋などに大きな被害が出る。

Step 2 標準問題

解答▶別冊19ページ

1 [プレートの動き] 右の図は，日本付近で発生する地震の震源の分布を模式的に示したものである。図のAでは震源の深さが太平洋側では浅く，日本列島の地下に向かって深くなっている分布が見られる。次の問いに答えなさい。

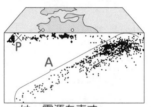

・は，震源を表す。
×は，Pの震源を表す。

(1) 地震の規模を表す尺度のことを何といいますか。

重要 (2) Pを震源とする地震では，地震のゆれによる建物の倒壊や地盤の液状化以外に，沿岸部を中心に被害をあたえる現象が発生することが予想される。この現象の名称を答えなさい。

記述式 (3) 図のAの震源の分布が下線部のような特徴を示す理由を，「プレート」という言葉を用いて簡潔に説明しなさい。　〔鹿児島〕

1 (10点×3－30点)

(1)	
(2)	
(3)	

ワンポイント

(3) 地震は，プレートとプレートの境界で起こることが多い。

---

2 [火山の活動] 次の文章を読んで，あとの問いに答えなさい。

日本には約　A　の活火山が存在しており，世界的に見ても有数の火山国だといえる。活火山とは一般的に，過去　B　年以内に噴火した火山と，現在も噴火活動を続けている火山のことをいう。①火山は多くの恵みをもたらす一方で，噴火活動により私たちの生活に大きな被害をもたらすことがある。例えば，2000年の有珠山噴火や2014年の御嶽山噴火が例に挙げられる。火山は噴火により②さまざまなものを噴出する。例えば，火山灰などが高温のガスとともに流れ下る　C　や吹き飛ばされたマグマが空中で冷え固まった　D　が挙げられる。2014年の御嶽山噴火では，主にDにより多くの人が犠牲になった。

(1) 文章中の空欄AとBにあてはまる数字をそれぞれ以下のア～オから選びなさい。

ア 1　イ 10　ウ 100　エ 1000　オ 10000

(2) 文章中の空欄CとDにあてはまる語句をそれぞれ書きなさい。

記述式 (3) 下線部①に関して，火山がもたらす恩恵として考えられるものを書きなさい。

記述式 (4) 下線部②に関して，火山の噴出物として溶岩流が挙げられる。溶岩流の特徴を簡単に書きなさい。

2 (6点×6－36点)

(1)	A
	B
(2)	C
	D
(3)	
(4)	

3 [地震による災害] 図１は，1995年に発生した兵庫県南部地震の被害状況を示した図である。また，図２は，2011年に発生した東北地方太平洋沖地震の被害状況を示した図である。下の文章は，それぞれの地震を説明したものである。これについて，あとの問いに答えなさい。

3 ((1)各4点, (2)・(3)各9点−34点)

(1)	A	
	B	
	C	
	D	
(2)		
(3)		

図１

図２

　1995年に発生した兵庫県南部地震は　A　型地震とよばれ，主に活断層が動くことで起こる。A型地震は震源と震央の距離が近くなることが多く，　B　が小さい場合でも大きなゆれになることが多い。そのため，図１に示すような建物の倒壊が多く発生しやすくなる。

　それに対して，2011年に発生した東北地方太平洋沖地震は　C　型地震とよばれ，主にプレートの沈みこみにともなって起こる。C型地震は，図２に示すような　D　の現象を起こすことがある。D が発生した場合，沿岸の広範囲に大規模な被害を与えることが知られている。

(1) 文章中のA～Dにあてはまる語句をそれぞれ書きなさい。

(2) 図３は，東北地方太平洋沖地震が発生したときに広範囲にわたって発生した現象を示した図である。この現象は，地震のゆれによって土地が軟弱化することで，地中に含まれた水が地表に噴出したり，地面が陥没したりする現象である。この現象の名称を答えなさい。

図３

(3) (2)の現象のように，ある災害が発生したときに，それを原因として引き起こされる別の災害の名称を一般的に何とよぶか，書きなさい。

Step ③ 実力問題②

解答▶別冊19ページ

1 次の文章を読んで，あとの問いに答えなさい。(62点)

　図1は，ある地域の地形を等高線を用いて模式的に表したものであり，数値は標高を示している。また，図2は，図1のA〜Cの地点でボーリング調査を行った結果をもとに，地層の重なりを表したものである。ただし，この地域では，地層の折れ曲がりや断層はなく，それぞれの地層は平行に重なっており，ある一定の方向にかたむいているものとする。

図1

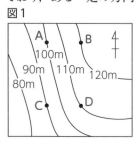

図2

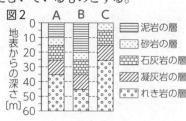

凡例：泥岩の層／砂岩の層／石灰岩の層／凝灰岩の層／れき岩の層

(1) ボーリング試料の中に石灰岩と思われる岩石があった。この岩石が石灰岩であることを確かめる方法を書きなさい。(20点)

(2) れき岩の層には，アンモナイトの化石が見られた。この化石のように，地層が堆積した年代を知ることに役立つ化石を何というか，書きなさい。また，この層が堆積した年代を次のア〜ウから選び，記号で答えなさい。(各5点)
ア 古生代
イ 中生代
ウ 新生代

(3) 地層の重なりを図2のように表したものを何というか，書きなさい。(10点)

(4) この地域の地層がかたむいて低くなっている方角はどれか。ア〜エから選び，記号で答えなさい。(10点)
ア 東
イ 西
ウ 南
エ 北

(5) Dの地点の地層の重なりを上の図2のように表したとき，凝灰岩の層はどこにあるか。右の図に凝灰岩の層を▨▨を用いて示しなさい。(12点)

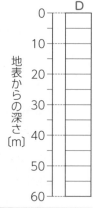

(1)			
(2)	化石	年代	
(3)	(4)	(5)	(図に記入)

〔鹿児島－改〕

2 太郎さんは，火山噴火のようすや火山噴火がもたらす災害についてのレポートを作成するために，次の調査を行った。これについて，あとの問いに答えなさい。(38点)

Ⅰ 火山噴火の写真を，インターネットで検索した。

①図1は，ある Web ページでみつけた，2009年6月12日に国際宇宙ステーション(ISS)から宇宙飛行士の若田さんが撮影した火山噴火の写真である。噴煙(火山から煙のように噴き出す火山ガスや火山灰)には，黒っぽい色の部分と白い色の部分があり，噴煙のまわりの雲が消えていることがわかった。

図1

Ⅱ 雲仙普賢岳で1990年11月に大きな噴火が起こった。その噴火から約5年間の火山活動とその噴火による災害のようすを調べた。

②図2は，1984年の地形図をもとに，1990年から5年間に雲仙普賢岳で起こった噴火による災害を重ね合わせて作成したものであり，A，Bで示されたそれぞれの地域は，火砕流，土石流の被害を受けた地域のいずれかを表している。図3は，雲仙普賢岳を島原湾上空から撮影した写真である。

③火砕流や土石流は5年間に何回も起きていることもわかった。

図2

図3
1989年10月　1991年9月　1993年9月

(1) ①で，噴煙の白い部分は，火山ガスの大部分を占めるある成分が上空で冷やされて生じた。ある成分の名称を書きなさい。(18点)

難問 (2) 次の文は，②で，土石流の被害を受けた地域について太郎さんがまとめたものである。正しい文になるように，a，bにあてはまる記号と語句の組み合わせを，ア～エから1つ選び，記号で答えなさい。(20点)

図2で土石流の被害を受けた地域は，□a□で示された地域である。そう判断したのは，土石流は，□b□発生するからである。

	a	b
ア	A （実線楕円）	高温の岩石，火山灰などが，一体となって高速で斜面をかけ下りて
イ	A （実線楕円）	降り積もった火山灰などが，雨によって川の下流に押し流されて
ウ	B （破線楕円）	高温の岩石，火山灰などが，一体となって高速で斜面をかけ下りて
エ	B （破線楕円）	降り積もった火山灰などが，雨によって川の下流に押し流されて

(1)	(2)

〔大分-改〕

1 (3)(4) 標高の数値と各地点での凝灰岩の地層からの深さを比較する。

99

総仕上げテスト ①

❶ 右の図のように，光学台に，光源，物体，焦点距離 12 cm の凸レンズ，スクリーンを直線状に並べて，凸レンズの位置を固定した。次に，スクリーンに物体の像がうつるように，物体とスクリーンを動かした。次の問いに答えなさい。(24点)

(1) 右の図のア〜エのうち，スクリーンにできた像はどれか。最も適当なものを選び，記号で答えなさい。(6点)

(2) 次の文の①にあてはまる適当な数値を書きなさい。また，②，③の[ ]の中から，それぞれ適当なものを1つずつ選び，記号で答えなさい。(各6点)

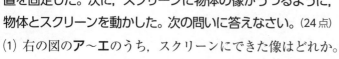
スクリーン

　スクリーンにできた像の大きさが，物体の大きさと同じになったとき，凸レンズからスクリーンまでの距離は □① □ cm であった。次に物体を凸レンズから遠ざけたとき，スクリーンに像をうつすには，凸レンズからスクリーンまでの距離を②[ア 長く　イ 短く]しなければならない。そのとき，像の大きさは，物体の大きさよりも③[ア 大きく　イ 小さく]なる。

(1)	(2)	①	②	③

〔愛 媛〕

❷ 右の図 1，2 は，火山岩と深成岩をそれぞれルーペで観察し，スケッチしたものである。これについて，次の問いに答えなさい。(24点)

(1) 図 1 のように，火山岩は，まばらに含まれる大きな鉱物と石基とよばれる小さな粒が集まった部分からできている。これについて，次の①，②の問いに答えなさい。(各6点)
　①まばらに含まれる大きな鉱物の部分を何というか。その用語を書きなさい。
　②このようなつくりをもつ火山岩は，どのようにしてできたものか。そのでき方を書きなさい。

(2) 図 2 のように，深成岩は，石基の部分がなく，鉱物の大きな結晶だけでできている。このような岩石のつくりを何というか。その用語を書きなさい。(6点)

(3) 火山岩や深成岩のように，マグマが冷えて固まってできた岩石を何というか。その用語を書きなさい。(6点)

(1)	①	②	(2)	(3)

〔新潟－改〕

❸ 植物のなかま分けを学習するために，ホウセンカとトウモロコシを用いて次の観察を行った。あとの問いに答えなさい。(40点)

観察 ホウセンカとトウモロコシの根のようすを観察したところ，図のようにつくりに違いが見られた。ホウセンカでは，①<u>太い根から細い根が枝分かれしており</u>，トウモロコシでは，太い根はなく，②<u>多数の細い根が広がっていた</u>。

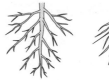

(1) 観察の下線①，②の根はそれぞれ何というか，言葉で書きなさい。(各5点)

(2) 次の文中の ___ の①～④にあてはまる言葉や数字を書きなさい。また， ___ のA，Bのそれぞれにあてはまる植物を，あとのア～カからすべて選び，記号で答えなさい。(各5点)

　被子植物は，根や茎のつくり，葉脈の通り方，子葉の数により，2種類になかま分けをすることができる。ホウセンカは，葉脈が網目状に通り，子葉の数が ① 枚の ② 類である。 ② 類のなかまには A などがある。また，トウモロコシは葉脈が平行に通り，子葉の数が ③ 枚の ④ 類である。 ④ 類のなかまには B などがある。

ア イチョウ　　イ サクラ　　ウ ユリ　　エ スギ　　オ タンポポ
カ イネ

(1)	①	②	(2)	①	②	③	④
A		B					

〔岐阜－改〕

❹ 図1のように，ビーカーA，Bにそれぞれ水を100gずつとり，ビーカーAには食塩25gを，ビーカーBには硝酸カリウム60gをそれぞれ入れて，よくかき混ぜながら，水の温度を50℃に上げた。図2は，水の温度と，100gの水に溶ける物質の質量との関係を，グラフに表したものである。これに関して，次の問いに答えなさい。(12点)

図1

食塩25g　　硝酸カリウム60g
水100g　　水100g
ビーカーA　ビーカーB

(1) ビーカー①の，食塩水の質量パーセント濃度は何％ですか。(4点)

(2) ビーカー②の，硝酸カリウム水溶液に，さらに何gの硝酸カリウムが溶けると，50℃のときの飽和水溶液になるか。次のア～エから，最も適当なものを1つ選び，記号で答えなさい。(4点)

ア 12g　　イ 25g　　ウ 37g　　エ 85g

図2
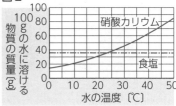

(3) (2)の飽和水溶液の温度を下げると結晶が出てくる。このようにして結晶をつくる方法を何といいますか。(4点)

(1)	(2)	(3)

〔香川－改〕

総仕上げテスト❷

解答▶別冊20ページ

❶ 次の表は，50 g のおもりを 1 個ずつ増やしながら，ばねにつるしたときの，ばねA，Bののびを測定した結果である。ばねA，Bののびは，ばねを引く力の大きさに比例するものとする。これについて，あとの問いに答えなさい。必要であれば，下の方眼紙にグラフを書いて考えること。(9点)

おもりの数〔個〕	0	1	2	3	4	5
ばねAののび〔cm〕	0	0.6	1.4	2.1	2.7	3.5
ばねBののび〔cm〕	0	1.8	3.3	5.0	6.8	8.8

(1) ばねBののびが 12.0 cm になるとき，ばねを引く力の大きさとして最も適切なものを，次の**ア～エ**から 1 つ選んで，記号で答えなさい。(4点)

　ア 3.0 N

　イ 3.5 N

　ウ 4.0 N

　エ 4.5 N

(2) 2 つのばねをそれぞれ 5 N の力で引いた。このとき，ばねAののびと，ばねBののびの比として最も適切なものを，次の**ア～エ**から 1 つ選び，記号で答えなさい。(5点)

　ア 1：3　　**イ** 2：5　　**ウ** 3：1　　**エ** 5：2

(1)	(2)

〔兵庫－改〕

❷ 無セキツイ動物について，次の問いに答えなさい。(17点)

(1) ①「軟体動物」，②「節足動物」，③「軟体動物・節足動物以外の無セキツイ動物」として適切なものを，次の**ア～カ**の中から 2 つずつ選んで，その記号を書きなさい。(各3点)

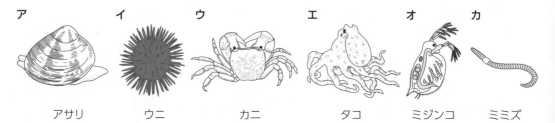

ア	イ	ウ	エ	オ	カ
アサリ	ウニ	カニ	タコ	ミジンコ	ミミズ

(2) 節足動物のからだをおおっているかたい殻のことを何というか，書きなさい。(4点)

(3) 軟体動物の内臓をおおっている筋肉でできた膜を何というか，書きなさい。(4点)

(1)	①	②	③

(2)		(3)	

〔和歌山－改〕

❸ 温度変化にともなう物質のすがたの変化を調べた。あとの問いに答えなさい。(24点)

実験1 ある量の水をメスシリンダーにはかりとった。この水を試
験管に移し，冷やした。

実験2 あたためた液体のろうを試験管に入れ，冷やした。

実験3 ある量の水を別のビーカーにとって加熱していき，温度変
化とそのときのすがたを観察した。

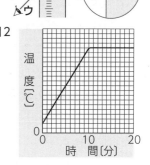

図1

図2

(1) 温度変化にともない，固体・液体・気体のように物質がすがたを
変えることを何といいますか。(3点)

(2) メスシリンダーでの体積のはかり方として，図1のア～ウは目
の高さ，a～cは読みとる値の位置を表している。最も適当な
ものを，ア～ウ，a～cからそれぞれ選びなさい。(各3点)

(3) 実験1で，およそ半分の量の水が氷になったときの温度は何℃ですか。(3点)

(4) 実験1，実験2より，液体から固体に変化したとき，水とろうの体積の変化として，最も適
当なものを，次のア～ウからそれぞれ選びなさい。(各3点)
   ア 増える　　イ 減る　　　ウ 変わらない

(5) 図2は，実験3の加熱時間と温度変化の関係を表したものである。10分ごろから始まる現
象を何というか，答えなさい。また，そのときのすがたとして最も適当なものを，次のア～
オから選びなさい。(各3点)
   ア 固体のみ　　イ 液体のみ　　ウ 気体のみ　　エ 固体と液体　　オ 液体と気体

(1)		(2) 目の高さ	位置	(3)	
(4) 水	ろう		(5) 現象		すがた

〔福井−改〕

❹ 右の図のような装置で，エタノールと水を混ぜた混合物Aを蒸留した。
このとき試験管に集まった液体をBとする。また混合物Aにひたしたろ
紙と液体Bにひたしたろ紙を別々の蒸留皿に置き，それぞれにマッチの
炎を一瞬ふれさせたところ，液体Bにひたしたろ紙のほうにだけ火がつ
いた。次の問いに答えなさい。(10点)

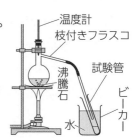

温度計
枝付きフラスコ
試験管
沸騰石
ビーカー
水

(1) この実験で，ビーカーの中の水は試験管に液体を集めるためにどのよ
うな役割をはたしているか，書きなさい。(5点)

(2) 液体Bにひたしたろ紙のほうにだけ火がついたのはなぜか，書きなさい。(5点)

(1)	(2)

〔秋田−改〕

❺ 地震について，次の問いに答えなさい。(20点)

(1) 地震が起こったときなどにできる，地層や土地がずれたものは，一般に何とよばれているか。その名称を書きなさい。(5点)

(2) 右の表は，ある地震について，A〜Cの各地点における記録をまとめたものである。

地点	初期微動の始まった時刻	主要動の始まった時刻	震源からの距離
A	12時46分56秒	12時47分00秒	24 km
B	12時47分04秒	12時47分16秒	72 km
C	12時47分14秒	12時47分36秒	132 km

① 地震が起こると，震源では2種類の波が同時に発生し，まわりに伝わっていく。次の文は，この2種類の波のうち，初期微動を伝える波を述べようとしたものである。文中の2つの[　]内にあてはまる語句を，**ア**，**イ**から1つ，**ウ**，**エ**から1つ，それぞれ選び，記号で答えなさい。(5点(完答))

　　初期微動を伝える波は[**ア** P波　**イ** S波]とよばれ，伝わる速さは，主要動を伝える波の速さより[**ウ** おそい　**エ** はやい]。

② この地震の主要動をもたらした地震の波は，表から考えると，何km/sの速さで伝わったといえるか。次の**ア**〜**エ**から最も適当なものを選び，記号で答えなさい。(5点)

ア 3.0 km/s　**イ** 4.5 km/s　**ウ** 6.0 km/s　**エ** 7.5 km/s

③ この地震で，震源から120 km離れたD地点において初期微動の始まった時刻は，何時何分何秒と考えられるか。その時刻を書きなさい。(5点)

(1)		(2)①		②		③	

〔香 川〕

❻ 図1は，ある場所で観察した地層を模式的に表したものである。図2は，地層Dに含まれる岩石をルーペで観察したときのスケッチと観察結果をまとめたものである。これについて，次の問いに答えなさい。(20点)

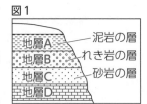

図1

地層A　泥岩の層
地層B　れき岩の層
地層C　砂岩の層
地層D

図2

スケッチ	観察結果
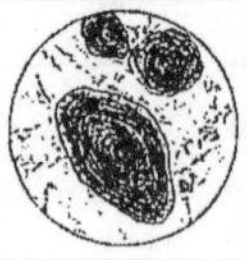	・全体に灰色っぽい ・フズリナの化石が見えた。

(1) 図1の地層A〜Dの地表の岩石が，長い間に気温の変化や水のはたらきなどによって，表面からぼろぼろになってくずれ，砂や土になっていくことを何といいますか。(6点)

(2) 図1の泥岩，れき岩，砂岩は，つくっている粒の大きさで区別される。泥岩，れき岩，砂岩を，つくっている粒の大きさの小さいものから順に並べなさい。(6点)

(3) 図2の岩石はフズリナの化石を含むことから，石灰岩と考えられる。次の文は，このことを確かめたものである。文中の　X　・　Y　にあてはまる語を書きなさい。(8点(完答))

　　この岩石にうすい　X　をかけると　Y　の気体が発生するので，石灰岩だとわかる。

(1)		(2)	→ 　　 →		(3) X	Y	

〔高知－改〕

標準問題集
中1理科
解答編

解 答 編

中1 標準問題集 理科

第1章 光・音・力

1　光の性質とレンズ

Step 1　解答　　　　　　　　p.2〜p.3

1 ❶反射角　❷入射角　❸反射　❹焦点
　❺焦点距離　❻焦点　❼直進　❽平行
　❾虚像
2 (1)記号－B
　　反射角－60度
　(2)45度
3 ①ア
　②イ
4 右図
5 エ

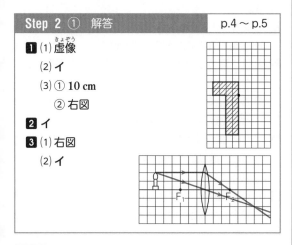

解説

2 (2)入射角，反射角が15度になるように45度回転
させる。
4 ・光軸に平行な光は焦点を通る。
　・レンズの中心を通る光は直進する。
　・焦点を通った光は，光軸に平行に進む。
5 台形ガラスから出る光は，台形ガラスに入る光と平
行になるように進む。

Step 2　①　解答　　　　　　　p.4〜p.5

1 (1)虚像
　(2)イ
　(3)①10cm
　　②右図
2 イ
3 (1)右図
　(2)イ

解説

1 (1)虚像は凸レンズで屈折した光が目に入って見え

る見かけの像である。
(2)光の進み方をしっかり描き，それらが交わると
ころに像ができる。
(3)①物体が焦点距離の2倍の位置にあるとき，物
体と同じ大きさの像ができる。よって，焦点
の位置は，20÷2＝10〔cm〕
②表の結果より，AB間が8cmとなることがわ
かる。他の部分も同じ比率になるように，上下，
左右が逆向きの像を描く。
3 (2)光源が離れていっても焦点の位置は変わらない。
そのため，できる像はレンズに近くなり，小さく
なる。

Step 2　②　解答　　　　　　　p.6〜p.7

1 右図
2 (1)ウ　(2)エ
3 (1)15cm，左下図
　(2)右下図，2倍

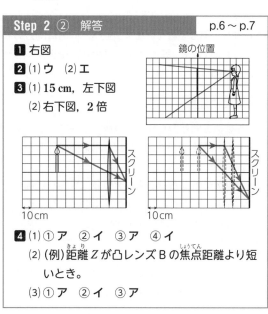

4 (1)①ア　②イ　③ア　④イ
　(2)(例)距離Zが凸レンズBの焦点距離より短
いとき。
　(3)①ア　②イ　③ア

解説

1 鏡の位置を対称の軸にして，頭のてっぺん，靴の先
の位置を線対称の位置にとる。それぞれの点と目と
を結ぶと，鏡の位置が示される。
2 (2)アは光の反射，イ，ウは光の直進の性質によっ
て起こる現象である。
3 (2)物体と同じ大きさの実像は，焦点距離の2倍の
位置にできる。
4 (1)①焦点の位置はX，Yの距離が同じとき，その
距離の半分の距離にあるので，30÷2＝15〔cm〕
②Bの焦点距離は，20÷2＝10〔cm〕

1

③, ④凸レンズを固定して物体を遠ざけるとき, スクリーンは凸レンズに近づける。

(2)虚像は物体を焦点距離より凸レンズに近いところに置くことで見える。

(3)凸レンズBを通して見えるのは, スクリーンにうつった像の虚像である。

2 音の性質

1 ❶大きい　❷高い　❸聞こえる
　❹聞こえない　❺短い　❻長い　❼強い
　❽弱い　❾細い　❿太い
2 (1)鳴りだす　(2)イ　(3)イ
3 ①ア　②イ　③ア
4 4500 m

解説

2 振動数の異なるおんさを2つ並べ, 同時に両方のおんさをたたくと, 音は, 大きくなったり, 小さくなったりする。

🚨 ここに注意

　振動数の同じおんさを2つ並べ, 一方のおんさをたたくともう一方も鳴りだす現象を共鳴という。

　振動数の異なるおんさを2つ並べ, 同時に両方のおんさをたたくと, 音が大きくなったり, 小さくなったりする現象をうなりという。

3 弦を強くはじくと大きい音に, 振動する部分を長くすると低い音に, 弦を強く張るほど高い音になる。

4 $1500 \times (6 \div 2) = 4500$〔m〕

1 (1)ア, エ　(2)振幅
2 350 m/s
3 (1)振動
　(2)(例)空気がないと音が伝わらない。
　(3)エ
4 (1)250 Hz
　(2)記号−X　波形−右図(例)

解説

1 (1)細かく振動しているものほど高い音である。

(2)振動する幅(振幅)によって, 音の大きさが異なる。

2 もどってくるまでの時間の差の0.20秒は, 35 mの間を往復するのにかかった時間にあたる。したがって空気中を伝わる音の速さは,
　(35×2) m $\div 0.20$ s $= 350$ m/s

3 (2)空気を抜いていっても容器内の電子ブザーは振動している。しかし, 音を伝える空気を抜いていくにつれて音は聞こえにくくなっていき, やがて聞こえなくなる。このように音を伝える物質を媒質という。

(3)水の入っていない部分がよく振動する。水はグラスの振動を妨げるはたらきをしている。

4 (1)1秒間に振動する回数をx Hzとすると, 弦が1回振動するのに0.004秒かかっていることから,
　$1 : x = 0.004 : 1$ より $x = 250$〔Hz〕

(2)高い音となるのは振動数が多くなるときである。

1 1.7 km
2 (1)振幅
　(2)エ
　(3)イ
3 (1)ア, ウ
　(2)エ
　(3)0.15 秒
4 (1)500 ヘルツ(Hz)
　(2)音の大きさ−大きくなる
　　音の高さ−高くなる

解説

1 音の速さは340 m/sより,
　$340 \times 5 = 1700$　よって, 1.7 km

2 (2)弦を短くすると, 振動数は多くなり, 音は高くなる。

(3)弦を強くはじくと振幅が大きくなるため, 図2と振動数は同じで, 振幅が大きいものを選ぶ。

3 (1), (2)弦を短くする, 弦を強く張る, 弦を細くすると, 振動数が多くなり, 高い音が出る。

(3)51 m $\div$ 340 m/s $= 0.15$ s

4 (1)1回振動するのに0.002秒かかることから, 1秒間の振動数は, $1 \div 0.002 = 500$〔回〕より, 500 Hzになる。

(2)弦の長さを短くすると音は高くなり, 弦を強くはじくと音は大きくなる。

3 力とそのはたらき

| Step 1 | 解答 | p.14 ~ p.15 |

1 ❶ 大きさ　❷ 作用点
❸ 向き　❹ 1　❺ 等しい　❻ 反対
❼ 同一直線上　❽ 静止
❾ 弾性力　❿ 重力　⓫ 摩擦力

2 (1) エ　(2) ア

3 (1) 6 cm　(2) 比例(の関係)

4 重さ－ 0.25 N　質量－ 150 g

解説

1 力がはたらいていても，その力を直接目で見ることはできない。だから，目に見えるように力を矢印で表すことで力のはたらきを考えていくようにする。
❶～❸ 力の矢印を描くとき，矢印の始点，矢印の向き，矢印の長さに注意して描くことが大切。
⓫ 物体と床が接触しているとき，力を加えると，物体が動こうとしている方向と逆向きに力がはたらく。この力を摩擦力という。

2 (1) A はひもがおもりを引く力で，B は地球がおもりを引く力(重力)を表している。
(2) 図から，方眼の 1 目盛りが 100 g の物体にはたらく力の大きさを表すと判断する。

3 ばねの伸びは，加えた力の大きさに比例する。この関係をフックの法則という。

4 地球上で質量 150 g の物体は，月面上では重力の大きさが $\frac{1}{6}$ になるので，重さは，$1.5 \times \frac{1}{6} = 0.25$ [N]

| Step 2 ① | 解答 | p.16 ~ p.17 |

1 (1) オ　(2) ウ　(3) 質量

2 (1) イ，エ　(2) 5 N

3 (1) 比例(の関係)
(2) ばね－ B　理由－(例)つるしたおもりの質量が 100 g のとき，ばねの伸びは，ばね A が 5 cm，ばね B が 2 cm だから。
(3) 1.5 N

4 (1) 30 N　(2) 8 N　(3) 22 N　(4) 2.2 kg　(5) 60 N

解説

1 (1) 月面上での重力の大きさは地球上の $\frac{1}{6}$ である。重力が $\frac{1}{6}$ になるので，ばねの伸びも $\frac{1}{6}$ になる。
(2)，(3) 上皿てんびんではかる質量は，月でも地球でも変わらない。

2 (1) 大きさの等しい 2 力が同一直線上で反対向きにあるとき，2 力がつりあっている。
(2) 2 つのばねばかりを図のようにつなぐと，それぞれに同じ大きさの力がかかることになる。

3 (1) グラフ A，B とも原点を通る直線である。原点を通る直線のグラフは比例の関係のグラフである。
(2) 100 g のおもりで，ばね A の伸びは 5 cm，ばね B の伸びは 2 cm である。
(3) ばね B は 100 g(1 N)の力を加えると，ばねの伸びは 2 cm である。したがって，ばねの伸びが 3 cm になるときは，$1 [N] \times \frac{3}{2} = 1.5$ [N]の力が加わる。

4 (5) 物体 M が床から離れるとき，金具 C にはたらく重力は，物体 M とおもり B とおもり B に取りつけたおもりにはたらく重力をあわせたものである。
よって，30＋8＋22＝60〔N〕

| Step 2 ② | 解答 | p.18 ~ p.19 |

1 (1) 7.5 N　(2) 1 N　(3) 600 g

2 (1) 右図　(2) ウ
(3) (例)図 2 で，磁石 B に磁石 C からの反発する磁力が下向きにはたらいたため。

3 (1) 右図
(2) 5 番目

4 (1) 0.6 N　(2) 28 cm
(3) 24 cm

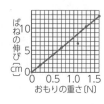

解説

1 (1) おもり 1 個にはたらく重力は，$\frac{6}{4} = 1.5$〔N〕
$1.5 \times 5 = 7.5$〔N〕
(2) 月の重力は地球の重力の $\frac{1}{6}$ だから，$6 \times \frac{1}{6} = 1$〔N〕

2 (1) 磁石 B は磁石 A から上向きに 0.4 N の力を受けている。したがって，作用点 P から上向きに 4 目盛りの矢印を描けばよい。
(2) 磁石 A の上面を N 極とすると，磁石 B の下面が N 極，上面が S 極，磁石 C の下面が S 極，上面が N 極となり，磁石 B の極の向きだけが逆である。
(3) 図 2 で磁石 C が浮いて静止しているので，磁石

Cの下面と磁石Bの上面は，同じ極で反発しあっている。

3 (1) 測定値をグラフ上に•で描き入れたあと，•のなるべく近くを通る直線をひく。測定点を結んで，折れ線を描いてはいけない。

(2) 測定の順番5の測定値が，ほかの測定値と大きくずれている。

4 (1) 図1で，ばねAのグラフより，0.3 N で 14 cm の長さであることがわかる。図2では，ばね2本だから，おもりにはたらく力は，0.6 N である。

(2) ばねBは，0.3 N の力が加わると 28 cm の長さになるばねである。0.6 N の力が，2本のばねに加わると，1本のばねには，0.3 N の力が加わるので，ばね1本の長さは，28 cm となる。

(3) ばねAは，0.1 N の力で 2 cm 伸びるばねで，ばねBは，0.1 N の力で 4 cm 伸びるばねである。板が水平になるときは，ばねAとばねBの長さが同じである。ばねAとBにそれぞれ別のおもりをつるし，その結果，ばねの長さが同じになり，2つのおもりの重さの合計が 1 N になるときと考えればよい。

Step 3　解答	p.20 ～ p.21

1 (1) 右下図
(2) 大きさ－大きくなる　距離－長くなる
(3) イ

2 (1) 50 回
(2) 400 Hz

3 (1) 4 cm
(2) 12 cm
(3) 5 cm　(4) 力

4 60 N

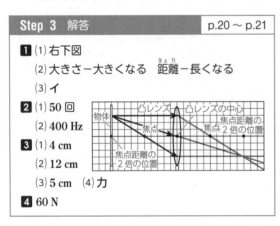

物体　凸レンズ　凸レンズの中心
焦点　焦点距離の焦点2倍の位置
焦点距離の2倍の位置

解説

1 (2) 物体が焦点と焦点距離の2倍の位置との間にあるとき，物体を凸レンズに近づけるほど，スクリーンにうつる像の大きさは大きくなり，凸レンズとスクリーンの距離は，焦点距離の2倍の位置のときよりも長くなる。

⚠ ここに注意

物体が焦点距離の2倍の位置にあるとき，反対側の焦点距離の2倍の位置にあるスクリーンには，物体と同じ大きさの倒立の実像ができる。

(3) アは実像，ウは全反射，エは光の屈折について関係のあることがらである。

2 (1) 図2の弦は，0.01秒に4回振動するので，160回振動するのに，0.01×40＝0.4〔秒〕かかる。図3の弦は1回振動するのに 0.008 秒かかっているので，0.4 秒間に振動する回数は，0.4÷0.008＝50〔回〕

(2) 0.01 秒に4回振動するので，1秒で400回振動することになるから，振動数は 400 Hz である。

3 (1) 測定した点を結んで直線をひき，おもりの質量が0のときの値を読みとる。

(2) このばねは，120 g のおもりで 4 cm 伸びることから，240 g のおもりでは，8 cm 伸びる。

(3) ばねの伸びを x cm とすると，
60：2＝150：x より，
x＝5〔cm〕

4 6000÷100＝60〔N〕

第2章 物質のすがた

4　身のまわりの物質

Step 1　解答	p.22 ～ p.23

1 ①観察　②磁石　③電気　④水
⑤(加)熱　⑥質量

2 (1) メスシリンダー　(2) ア

3 (1) 金　(2) アルミニウム
(3) ① ○　② 鉄　③ ○　④ ○

4 (1) 7.9 g/cm³　(2) 2 g/cm³

解説

1 物質には，その物質がもっている特有の性質がある。その他の性質を調べる方法としては，水に浮くか，浮かないかなどがある。

2 (2) 目盛りを読むときは，液面の最もへこんだ部分の目盛りを目分量の $\frac{1}{10}$ まで読むので，図2の値は，76.5 cm³ である。したがって，物体Xの体積は，76.5－67.0＝9.5〔cm³〕である。

3 (1) 密度が大きい金属ほど重くなる。

(2) 密度が小さい金属ほど体積は大きくなる。

(3) ①，③は金属に見られる共通の特徴である。④は5つの金属とも水の密度（1 g/cm³）より大きい。②は5つの金属のうち，鉄にだけ見られる特徴である。磁石につくものは，鉄の他にコバルトやニッケルがある。

4 (1) $395\,\text{g} \div 50\,\text{cm}^3 = 7.9\,\text{g/cm}^3$

(2) $400\,\text{g} \div 200\,\text{cm}^3 = 2\,\text{g/cm}^3$

Step 2 ① 解答	p.24 ～ p.25

1 (1) エ　(2) 炭素

2 (1) ア　(2) D

3 ク

4 (1) D，F　(2) H，J　(3) $2.7\,\text{g/cm}^3$

　　(4) 質量－ 10.0 g　物体－ A

解説

1 (1) 実験Ⅰの結果から，Yはデンプンとわかる。実験Ⅱの結果から，Zは食塩とわかる。

(2) 実験Ⅲで，石灰水を白く濁らせる気体は二酸化炭素である。実験Ⅱで黒くこげて燃えたことと合わせて考えると，共通して含まれる物質は炭素である。

2 (2) 原点とAを結んだ直線上にある液体が，Aと同じ密度の液体である。

3 ガスの量を調整し，炎の大きさを 10 cm くらいにした後，空気の量を調整して青い炎にする。

4 (1) 同じ物質であれば，原点とBを結ぶ直線上にある。

(2) 水の密度は $1.0\,\text{g/cm}^3$ より，質量 1.0 g，体積 $1.0\,\text{cm}^3$ の点と，原点を通る直線より下側にある点が，水に浮く物質の点になる。

(3) 質量は約 8.2 g，体積は $3.0\,\text{cm}^3$ だから，密度は，
$8.2\,\text{g} \div 3.0\,\text{cm}^3 = 2.73\cdots \rightarrow 2.7\,\text{g/cm}^3$

(4) Eの体積を 2 倍すると体積は $1.0\,\text{cm}^3$ になり，質量は 10.0 g になるから，物体Aと等しくなる。

> 🚨 **ここに注意**
>
> 　密度は物質 $1\,\text{cm}^3$ あたりの質量のことで，物質によってその値が決まっているため，物質を見分ける手がかりになる。

Step 2 ② 解答	p.26 ～ p.27

1 (1) ① 水平　② 調節ねじ
　　　③ 重　④ 分銅

(2) (例)左右に等しくふれるようになったとき。

(3) 後

2 (1) イ，カ，コ

(2) ア，ウ，エ，オ，キ，ク，ケ

(3) ア，エ，キ

(4) (例)電気伝導性，熱伝導性，金属光沢，展性，延性などの性質をもつ。

(5) ク，ケ

(6) (例)二酸化炭素を発生させる。

3 イ

4 (1) 237 g　(2) ウ

解説

1 (1) 上皿てんびんは両側の皿とはかりたいものまたは分銅を合わせた重心が，中央のてんびんの回転軸(支点)よりも下になるようにつくられているので，てんびん全体の重心は回転軸(支点)の下になり，安定する。そのため水平な場所に置かないと重心がずれ安定しない。

(3) 薬包紙や皿を乗せた後に 0.00 g にしないと薬包紙や皿の重さが加わってしまう。

2 (1) 目的や形などでものを区別する場合，そのものを物体という。

(2) 材料でものを区別する場合，物質という。

(3) 物質は金属と非金属に分類することができる。

(6) 二酸化炭素ができるのは有機物に炭素が含まれているためである。

3 Xが空気調節ねじ，Yがガス調節ねじである。オレンジ色の炎は，酸素不足のときの炎の色であり，青色の炎の色は完全燃焼しているときの色である。つまり，ガスの量は変えずに，オレンジ色から青色の炎へと変化させるには，空気調節ねじ(X)を開く必要がある。

4 (1) 20 ℃におけるエタノールの密度は，$0.79\,\text{g/cm}^3$ である。質量は密度×体積で求まるので，$0.79 \times 300 = 237$〔g〕である。

(2) ポリエチレンの密度はエタノールより大きく，水より小さい。水溶液にある物質を浮かべるとき，ある物質の密度が水溶液の密度より小さいと浮かび，水溶液の密度より大きいと沈む。したがって，ポリエチレン片は水には浮くが，エタノールには沈む。

5　気体とその性質

Step 1 解答	p.28 ～ p.29

1 ❶ 石灰石　❷ 下方置換　❸ 水上置換
　❹ 二酸化マンガン　❺ 水上置換　❻ 亜鉛
　❼ 水上置換　❽ 塩化アンモニウム
　❾ 上方置換

2 (1) 上方置換法　(2) ア

(3) ① 溶け　② 下がり
3 (1) A －二酸化マンガン　B －過酸化水素水
(2) 触媒　(3) イ

解説

1 二酸化炭素…石灰石にうすい塩酸を加える。空気より少し重いので下方置換法で捕集する。水上置換法でも集めることができ，このほうが純粋な二酸化炭素を集めることができる。

　酸素…二酸化マンガンにうすい過酸化水素水を加える。水に溶けにくいので水上置換法で捕集する。

　水素…亜鉛やマグネシウムなどの金属にうすい塩酸を加える。水に溶けにくいので水上置換法で捕集する。

　アンモニア…水酸化カルシウムと塩化アンモニウムを混ぜたものを加熱する。空気より軽く，水によく溶けるので上方置換法で捕集する。

2 (1) アンモニアのように，空気より軽く，水に溶けやすい気体は，上方置換法で捕集する。

(2) アンモニアは水に溶けるとアルカリ性を示すので，水でぬらした赤色リトマス紙を近づけると青色に変化する。

(3) アンモニアが水に溶け，フラスコ内の圧力が下がったために，噴水のような現象が起こる。

> ⚠ **ここに注意**
>
> 塩化アンモニウムと水酸化カルシウムの混合物を加熱するときは，発生した水によって試験管が破損しないように，試験管の口を少し下げて加熱する。

3 (1) 酸素を発生させるには，二酸化マンガンにうすい過酸化水素水を加える。

(2) 二酸化マンガンのように，それ自身は変化をしないが，反応をうながすようなはたらきをするものを触媒という。

(3) 酸素は水に溶けにくいため，水上置換法で捕集する。

> ⚠ **ここに注意**
>
> 二酸化マンガンのように，自分自身は変化はしないが，反応をはやくしたり，おそくしたりする物質を触媒といい，ヒトの食物の消化に関わる消化酵素(2年で学習する)も触媒である。

1 (1) ウ
(2) ① ア，エ　② ア

2 (1) ア
(2) 水上

3 (1) ① D　② B　③ E　④ A　⑤ C
(2) B －ア・カ　C －イ・オ　D －エ・キ
　　E －ウ・カ
(3) B －ア　C －ア　D －エ　E －ア
(4) B　捕集方法－キ
　　理由－(例)水に溶けにくいから。
　　D　捕集方法－オ
　　理由－(例)水に溶けやすく，空気よりも軽いから。

解説

1 (1) 水に溶けにくい気体は水上置換法で集める。

(2) ① A は水素，B はアンモニア，C は二酸化炭素，D は酸素である。

　② 酸素は水に溶けにくいので水上置換法で集める。

2 (1) 気体 C はにおいがあり空気より軽いことから，アンモニアである。

3 (1) ① フェノールフタレイン液を赤くする水溶液はアルカリ性である。
　　気体の中でその水溶液がアルカリ性を示すのはアンモニアである。

　② シャボン玉が高く上がるのは空気よりも軽い気体が入っているためであり，また，点火してポッと音を出して燃えるのは水素である。

　③ 炭酸水素ナトリウムを加熱すると二酸化炭素と水蒸気が発生する。

　④ 変化を起こしにくい気体で，窒素である。

　⑤ 酸素はものが燃えるのを助けるはたらきがあり，細い針金は線香花火のように燃える。

(3) 塩化アンモニウムと水酸化カルシウムの反応は加熱が必要で，両試薬とも固体であるので加熱する場合は試験管の口を少し下げておく。

> ⚠ **ここに注意**
>
> 水素は，気体自身が燃えるのに対し，酸素は気体自身は燃えず，物質が燃えるのを助けるはたらきがある。これを助燃性という。

Step 2 ② 解答　　　　p.32〜p.33

1 (1)① イ

② (例)(はじめに出てくる気体には)試験管Aの中にあった空気が多く含まれているから。

③ 石灰水

(2) (例)水に非常に溶けやすい性質。

2 ① A−g B−サ　②A−d B−サ

③ A−f B−ア　④A−c B−サ(またはキ)

3 (1) 塩化アンモニウム

(2) 発生方法−ウ　捕集方法−オ

(3) (例)水によく溶け空気より軽い気体だから。

(4) 白い煙が生じる。　(5) 過酸化水素水

(6) 発生方法−イ　捕集方法−カ

(7) 触媒　(8) 水素　(9) イ

解説

1 (1)① 貝殻にうすい塩酸を加えると二酸化炭素が発生する。

③ 二酸化炭素は石灰水を白く濁らせるので、二酸化炭素があるか確認できる。

2 酸素は水に溶けにくいので**サ**の水上置換法で捕集する。

水素は金属に酸性の水溶液を加えると発生し、水に溶けにくいので**サ**の水上置換法で捕集する。

アンモニアは塩化アンモニウムと水酸化カルシウムの混合物を加熱するが、その際試験管が破損しないように、試験管の口を少し下げておく。空気より軽く水によく溶けるので上方置換法で捕集する。

二酸化炭素は、水上置換法または下方置換法で捕集する。

3 (1) アンモニアはアンモニア水を加熱しても発生する。

(2) アンモニアを発生させるときには、試験管の口を少し下げて加熱する。捕集するには、水によく溶け空気より軽い気体のため、上方置換法で捕集する。

(4) 濃塩酸をつけたガラス棒を試験管の口に近づけると、塩化アンモニウムの細かな結晶ができるため、白い煙が生じる。

(5) 過酸化水素が約3％含まれるうすい水溶液がオキシドールである。

(6) 酸素は水に溶けにくいので、水上置換法で捕集する。

(8) 酸素と水素の混合気体に火を近づけると、爆発的な反応を起こし危険である。

(9) (8)の反応の結果、酸素と水素が結びついて、水ができる。

Step 3 ①　解答　　　　p.34〜p.35

1 (1) 水上置換法

(2) (例)空気が混ざっていたから。

2 (1) ア

(2) (例)手であおいでにおいをかぐ。

(3) (例)水に溶けやすい性質。

3 ① ウ，オ，キ，コ　②シ　③ウ，カ

④ ア，ウ，ク，シ，ス

⑤ イ，エ，ケ，サ

4 (1)① C　②E　③B　④A　⑤D

(2) D　(3)②　(4) E　(5) D

解説

1 (2) 二酸化炭素には、ものを燃やす性質はないので、二酸化炭素しか入っていない試験管に火のついた線香を入れると、火は消える。1本目の試験管には、三角フラスコにもともと入っていた空気が入っているので、線香の火は消えにくい。

2 (1) アンモニアは水に溶けやすく、空気より密度が小さいので上方置換法で集める。

(2) 直接かぐと危険なので、手であおいでかぐ。

3 ① アンモニアは、空気より軽くて非常に水に溶けやすい。鼻をさすような刺激臭があり、水に溶けると、水溶液はアルカリ性を示す。

② 酸素は、空気より少し重く、水に溶けにくい。ものが燃えるのを助けるはたらきがある。

③ 水蒸気は、空気より軽く、冷えると水になる。

④ 水素は、物質の中でいちばん軽く、水に溶けにくい。空気中で燃え、酸素と結びついて水になる。

⑤ 二酸化炭素は、空気よりも重く、水に少し溶け、溶けると、水溶液は酸性を示す。石灰水と反応すると白く濁る。

4 (1)①〜⑤の各気体は、次のような文中の性質から推定できる。

① 「空気中に最も多く含まれる」のは窒素。

② 「水溶液は酸性を示す」のは、ここでは二酸化炭素である。

③ 「物質を燃焼させるはたらきがある」のは酸

素である。

④「空気中でよく燃焼する」のは水素であり，これは気体の中で最も軽い。

⑤「水溶液がアルカリ性を示す」のはアンモニアである。

(2) 上方置換法で捕集する気体は，水に溶けやすく，空気よりも軽い気体である。

(3) 貝殻の成分は石灰石と同じ炭酸カルシウムである。

(4) 石灰水中の水酸化カルシウムと二酸化炭素が反応して，水に溶けにくい炭酸カルシウムができるため，白く濁って見える。

この反応は，二酸化炭素を調べるのに使われる。

(5) アンモニアと塩化水素はともに気体であるが，接触すると反応して塩化アンモニウムという小さい固体をつくるので，白い煙に見える。

6 水 溶 液

| Step 1　解答 | p.36 〜 p.37 |

1 ① 溶質　② 溶媒　③ 水溶液　④ 25
　　⑤ 125　⑥ 20　⑦ 溶解度　⑧ 飽和

2 (1)① メスシリンダー　② こまごめピペット
　　　③ 蒸発皿　④ 三角フラスコ
　　(2) a － イ　b －空気

3 (1) 溶解度曲線　(2) 13 ％
　　(3) 128 g　(4) 40 g
　　(5) 再結晶　(6) オ

解説

1 液体に溶ける物質を溶質，溶かす液体を溶媒といい，溶媒が水のものを特に水溶液という。

$$質量パーセント濃度 = \frac{溶質の質量}{溶液の質量} \times 100$$

と表せるので，$\frac{25}{125} \times 100 = 20$〔％〕

水溶液中に溶質を溶けるだけ溶かしたものを飽和水溶液という。

2 (2) ガスバーナーの炎がオレンジ色をしているとき，空気調節ねじをゆるめ空気を入れると青色の炎になる。

また，空気を入れすぎると「ゴー」と音をたて青い炎となるので適度に調節を行う。

3 (1) 水 100 g に溶質を溶かすことができる限度の質量を溶解度といい，これをグラフに表したものを溶解度曲線という。

(2) 60 ℃ではホウ酸は水 100 g に 15 g 溶け，ホウ酸水溶液が 115 g できる。質量パーセント濃度は，
　　$15 \div 115 \times 100 = 13.04 \cdots \rightarrow 13$〔％〕

(3) 80 ℃で，食塩の溶解度は 39 であることから，100 g の水に 39 g の食塩を溶かすことができる。50 g の食塩をすべて溶かすための水の量を x g とすると，
　　$100 : 39 = x : 50$　$x = 128.2 \cdots \rightarrow 128$〔g〕

(4) 80 ℃でのホウ酸の溶解度は 25 なので，50 g のホウ酸を溶かすには 200 g の水が必要になる。20 ℃まで温度を下げると溶解度は 5 になるので，200 g の水には 10 g のホウ酸しか溶けない。よって，結晶として出てくる量は，50 － 10 = 40〔g〕

(5) 飽和水溶液の温度を下げていくことによって，結晶をとり出す方法である。

(6) ろうとのあしはビーカーにつける。ガラス棒をろ紙にくっつけて，ガラス棒に伝わらせて溶液をろうとに入れる。

📢 **ここに注意**

ろ過によって，液体に混じっている固体をこしとる操作はできるが，飽和の状態になっていても，ろ液の中の溶液にはまだ溶けている溶質も含まれている。

| Step 2　① 　解答 | p.38 〜 p.39 |

1 (1) ✕　固定する→ふる　(2) ○　(3) ○

2 (1) 61.5 g　(2) ア

3 (1) エ　(2) エ　(3) 結晶
　　(4) (例)水が蒸発するから。　(5) 再結晶

解説

1 (1) 試験管に液体を入れて加熱するときは，突沸を防ぐために試験管をふって，液体をゆれ動かしておかねばならない。

2 (1) 図より，27.0 ℃のときの 100 g の水に溶ける物質 A の質量は 41 g より，150 g の水に溶ける物質 A の質量を x とすると，
　　$100 : 41 = 150 : x$　よって $x = 61.5$〔g〕

(2) 質量パーセント濃度が 10 ％の物質 B の水溶液 200 g 中の B の質量は $200 \times 0.1 = 20$〔g〕　よって水溶液中の B 以外（水）が $200 - 20 = 180$〔g〕　図より 100 g の水に溶ける物質 B は 36 g なので，180 g の水に溶ける物質 B の質量を y とすると，

100：36＝180：y　よってy＝64.8〔g〕つまり追
加した物質Bの質量は，64.8－20＝44.8〔g〕

3 (1) 20℃～60℃では溶け残りがあることから，最も
濃いのは，80℃のときである。

(2) 80℃で水40gにホウ酸8.0gが全部溶けたこと
から，80℃の水100gに溶けるホウ酸の量は，
（100÷40）×8.0＝20〔g〕　と考えて，80℃で
20gをこえる程度のグラフを選べばよい。

(3) 規則正しい形をした固体を結晶という。

(4) 加熱によって，水分が蒸発して水溶液の濃度が
しだいに濃くなっていくことによって結晶が生
じる。

Step 2 ② 解答	p.40～p.41

1 (1) **15 %**　(2) **170 g**　(3) **70 g**　(4) **67 %**
2 (1) ① **飽和水溶液**　② **65℃**　(2) **ウ**
　(3) **(例)水に溶ける食塩の質量は，温度が変わっ
てもほとんど変わらない。**
3 (1) **硝酸カリウム**　(2) **45 %**　(3) **34 g**
　(4) **再結晶**　(5) **イ**
4 (1) **36 %**　(2) **再結晶**　(3) **約26 g**

解説

1 質量パーセント濃度〔%〕＝$\dfrac{溶質の質量}{溶液の質量}$×100
の公式にあてはめて求める。

(1) 15÷（15＋85）×100＝15〔%〕

(2) 30÷（30＋x）×100＝15より，
30÷（30＋x）＝0.15，30＋x＝200，x＝170〔g〕

(3) 0.2×70＝14〔g〕，14÷（70＋x）×100＝10
14÷（70＋x）＝0.1，70＋x＝140，x＝70〔g〕

(4) 204÷（100＋204）×100＝67.1…→67〔%〕

2 (1) ② グラフより，80gのミョウバンが100gの水
に溶けきる温度は65℃である。

(2) グラフより，10℃での溶解度を見ると，ミョウ
バンは9，硝酸カリウムは20，食塩は35より，ビー
カーに入れた物質の質量は，20g以上35g以下
と考えられる。

3 (1) 50℃での溶解度曲線がいちばん上にあるのは，
硝酸カリウムである。

(2) グラフより，60℃で硫酸銅は82gまで溶ける。
このときの質量パーセント濃度は，
82÷（82＋100）×100＝45.05…→45〔%〕

(3) グラフより，60℃の水50gに硝酸カリウム50g
は全部溶けていることがわかる。20℃の水100g
に32g溶けることから，20℃の水50gには
16g溶ける。よって出てくる結晶は，
50－16＝34〔g〕

4 (1) 水100gに56gの硝酸カリウムが完全に溶けて
いるのだから，質量パーセント濃度は，
56÷（56＋100）×100＝35.8…→36〔%〕

(2) 溶解度の差を利用して結晶をとり出す方法を，
再結晶という。

(3) グラフより，20℃の水100gには硝酸カリウム
は30g溶けるから，出てきた硝酸カリウムの質
量は，
56－30＝26〔g〕

7　物質の状態変化

Step 1 解答	p.42～p.43

1 ① **氷**　② **水蒸気**　③ **冷却**　④ **1 g**
　⑤ **1 g**　⑥ **氷(と)水**　⑦ **水(と)水蒸気**
　⑧ **融点**　⑨ **沸点**　⑩ **沸点**　⑪ **沸点**
　⑫ **混合物**
2 (1) **イ，ウ，カ**　(2) **エ**
3 (1) **沸点**　(2) **エ**
4 (1) **蒸留**　(2) **1本目**

解説

1 物質が固体⇄液体⇄気体と変化することを状態変化
といい，その状態によって体積は変化するが，質量
は変化しない。

一般に，体積の大きさは，固体＜液体＜気体の順に
大きくなるが，水は例外で，水(液体)＜氷(固体)＜
水蒸気(気体)の順に大きくなる。

固体が液体になるときの温度を融点，液体が気体

になるときの温度を沸点といい，純粋な物質ではその温度は決まっている。

2 (1) 冷やしたときに起こる状態変化は，液体→固体，気体→液体，気体→固体へと状態変化するときである。

(2) ドライアイスは，固体→液体→気体と変化せずに，固体→気体と変化する。このような状態変化を昇華という。

> 🚨 **ここに注意**
>
> ドライアイスは，気体の二酸化炭素を固体にしたもので，固体から直接気体になる。防虫剤として使われるナフタレンも，固体から直接気体に変化する。

3 (1) 水が水蒸気に変化する温度を沸点という。このとき液体の水と気体の水蒸気が混じっている。

(2) 0℃のまま温度が変化していないため，固体と液体が共存している状態である。

4 (1) 沸点の違いを利用して，沸騰して出てきた気体を冷やして，再び液体にしてとり出す方法を蒸留という。

(2) エタノールのほうが水より沸点が低いため，3本集めた試験管の中では，1本目にエタノールが最も多く含まれている。

Step 2 ① 解答	p.44 〜 p.45

1 (1) イ (2) 沈む (3) ウ，オ

2 (1) 記号 − Y　理由 −(例) 沸騰する温度が約80℃であるから。

(2) 温度 − オ　時間 − ウ

3 (1) 蒸留 (2) ア (3) イ

解説

1 (1) 水が氷に変化するとき，体積は少し大きくなる。ろうが液体から固体に変化するとき，体積は少し小さくなる。

(2) 液体のろうと固体のろうの密度を比べると，液体のろうのほうが，体積が大きくなった分だけ密度が小さくなる。

したがって，液体のろうの中に固体のろうを入れると，固体のろうは液体のろうに沈む。

(3) A は 110℃では液体にならない。B は −20℃〜60℃の間に融点があり，沸点は 110℃より高い温度である。C は −20℃〜60℃の間に融点があ

り，60℃〜110℃の間に沸点がある。D の融点は −20℃より低い温度で，60℃〜110℃の間に沸点がある。

これらのことから考えると，**ウ**と**オ**が正しい。

2 (2) 純粋な物質では，その量に関係なく沸点は一定である。この場合，量が半分になっているので，沸騰が始まるまでの時間は短くなる。

3 (1) 沸点の違いを利用して，沸点の低い液体を一度気体にしてから，再び液体にしてとり出す方法である。

(2) ①は空気調節ねじ，②はガス調節ねじで，ガスバーナーの炎の色が赤く空気の量が少ないときは，②を手でおさえて，①のねじを反時計まわりに回す。

(3) 純粋なエタノールの沸点は約 80℃であることから考える。

> 🚨 **ここに注意**
>
> 沸騰石は素焼きのかけらでできており，突沸を防いでおだやかに沸騰させるために入れておく。

Step 2 ② 解答	p.46 〜 p.47

1 (1) エ (2) ④ (3) B

2 (1) AB − ウ　BC − オ　CD − イ

(2) 80℃ (3) 融点

(4) A − ウ　D − イ

3 (1) (例) 試験管内の液体の逆流。

(2) 試験管 − a　理由 −(例) 90℃では，水の多くは液体のままであるが，エタノールの多くは気体に変化するので，エタノールの割合が多いほうがより膨らむため。

(3) ① ウ　② イ

解説

1 (2)，(3) 状態変化した液体と固体では，質量は変化しないが体積は変化する。多くの物質では，固体の方が体積が小さく，密度が大きくなる。

(3) 状態変化により体積に違いが生まれるのは，粒子の運動のためである。固体は粒子と粒子が強く結びつき，間隔がせまく，ほとんど運動せず，規則正しく並んでいるのに対して，液体は粒子と粒子の結びつきが弱まって，間隔が少し広くなり，粒子は運動している。

2 (1)〜(3) ナフタレンは室温で固体である。そこから

加熱していくと融点に達してとけ始める。固体が液体に変わる間は，加えられた熱エネルギーは状態変化のために使われるので温度は上昇しない。

(4) アは気体，イは液体，ウは固体の状態を表している。

3 (2) エタノールの沸点は約78℃であるが，水の沸点は100℃である。水とエタノールの液体が入った袋を90℃まで加熱すると，エタノールのほとんどは気体になる。

(3) 図2では，袋Dに含まれるエタノールのほとんどは気体である。この袋を室温に戻すと，エタノールの温度は沸点より下がり，液体になる。気体から液体へと状態変化すると，体積は変化するが質量は変化しない。気体の状態では，粒子の間隔は広く自由に運動している。液体の状態では，粒子は気体のときよりも規則正しく並ぶので，気体に比べて運動は少ない。

Step 3 ② 解答	p.48 ～ p.49

1 (1) A　(2) イ　(3) 白く濁る。
　(4) 二酸化炭素　(5) 有機物
2 (1) (例) 急に沸騰するのを防ぐため。
　(2) 蒸留　(3) 沸点
3 (1) 55.5 g　(2) イ　(3) C　(4) 50 g
　(5) ① ウ　② イ
　(6) (例) 加熱して水分を蒸発させる。

解説

1 ①～④の実験の結果から，Aは食塩，Bは砂糖，Cはかたくり粉，Dはプラスチックである。

(1) 食塩は水に溶けやすく，燃焼さじにとって加熱しても燃えない。

(2) かたくり粉の成分であるデンプンは，ヨウ素液に反応して，ヨウ素液を青紫色にする。

(3)，(4) 石灰水が白く濁る変化から，発生した気体は二酸化炭素だとわかる。

(5) 炭素が含まれており，燃えて二酸化炭素を発生させる物質を有機物という。

⚠ ここに注意

燃えると二酸化炭素が発生する物質を有機物というが，二酸化炭素，一酸化炭素は有機物に含まない。

2 (2) 沸点の違いを利用している。

(3) 沸点の異なる液体が混ざったものを加熱すると，沸点の低いものから先に気体となって出てくる。

3 (1) 60℃の水100 gに最大量37 gまで溶けるのだから，150 gの水に溶ける最大量をx gとすると，
$100:37=150:x$ より，$x=55.5$〔g〕

(2) 溶質の質量は55.5 g，溶媒の質量は150 gより，質量パーセント濃度は，
$55.5÷(55.5+150)×100=27.0\cdots→27$〔%〕

(3) A，B，Cのどの物質も80℃の水100 gに20 gまでは溶かすことができる。そこから少しずつ温度を下げていって，70℃を下回ると，Cは溶けきれず結晶が生じる。
　このとき，AとBは十分に溶けている。したがって，物質Cが最初に結晶を析出させる。

(4) 80℃の水100 gに物質Aは112 gまで溶かすことができるから，70 gは溶かすことができる。20℃に冷やすと，20 gまでしか溶かすことができない。したがって析出する結晶の量は，
$70-20=50$〔g〕

(5) ① 80℃から60℃の範囲では，溶媒，溶質の量は変わらないので，溶液の濃度は変化しない。
　② 60℃から40℃の範囲では，結晶が析出する。そのため，溶質の質量が小さくなるので，溶液の濃度は小さくなる。

(6) 物質Bのように溶解度に変化のない物質は，水分を蒸発させることによって，結晶を析出させる。

第3章 生物の観察と分類

8 生物の観察

Step 1 解答	p.50 ～ p.51

1 ① ルーペ　② 顕微鏡　③ 双眼実体顕微鏡
　④ ピンセット　⑤ プランクトンネット
　⑥ カバーガラス　⑦ スライドガラス
　⑧ プレパラート
2 (1) ルーペ　(2) C　(3) タンポポの花
　(4) ウ
3 ① アオミドロ　② ハネケイソウ
　③ ミジンコ
4 (1) ウ　(2) ア　(3) 150 倍

解説

1 野外へはルーペ(虫めがね)を持って出ると便利である。双眼実体顕微鏡は，観察しようとするものを立

体的に見たいときに，10 ～ 40 倍に拡大して見ることができる。持ち帰った試料は，ピンセットでていねいに分解し，プレパラートをつくって顕微鏡で観察するとよい。

2 タンポポの花の観察では，ルーペを目に近づけて持ち，タンポポの花を前後に動かしてピントを合わせる。スケッチでは，そのもの自体を描くことが大切で，まわりのものを描く必要はない。

3 ③ ミジンコはよく動きまわる小さな動物である。

4 (1)，(2) **ア**と**イ**は接眼レンズ，**ウ**と**エ**は対物レンズである。接眼レンズは高倍率のほうが短く，対物レンズは高倍率のほうが長い。

(3) 顕微鏡の倍率＝接眼レンズの倍率×対物レンズの倍率＝15×10＝150〔倍〕

Step 2 解答	p.52 ～ p.53

1 (1) A －おしべ　B －がく
　　C －花弁　D －めしべ
(2) D → A → C → B　(3) **イ**

2 (1) タンポポ－ C　ゼニゴケ－ B
(2) ① (例) すべての向き(輪のよう，水平)
　　② 日光　(3) **ウ**，**オ**　(4) **イ**

3 (1) a －**ア**　b －**カ**　c －**シ**　(2) b

解説

1 (2) 花のつくりは，花の中心から外へ，めしべ→おしべ→花弁→がく　の順になっている。

2 (1) タンポポは日のあたる場所，ゼニゴケは日かげの湿った場所で見られる。

(2) タンポポの葉は，できるだけ日光を効率よく受けとれるように，重ならずにすべての向きに広がっている。

(3) 図で，a はめしべ(の柱頭)，b はおしべ，c は花弁，d はがく，e はめしべのつけ根の子房である。

(4) 図で，**ア**は葉脈が平行に走っている単子葉類，**イ**は葉脈が網目状になっている双子葉類，**ウ**は葉脈がところどころで 2 つに分かれている裸子植物などである。

9　花のつくりとはたらき

Step 1 解答	p.54 ～ p.55

1 ① がく　② 果実　③ 雄花　④ 胚珠
　⑤ 子房　⑥ 種子

---

2 (1) b －やく　c －がく　d －柱頭
　　f －子房
(2) ① b　② d　③ e　④ f
(3) 被子植物　(4) 裸子植物

3 (1) A　(2) d　(3) a

4 (1) A －雌花　B －雄花　(2) C

解説

1 タンポポの花は，子房の上にがくがついていて，成長すると冠毛とよばれる綿毛になる。マツの雌花にはりん片があり，そこに胚珠がむき出しでついている。

2 サクラでは，柱頭に花粉がついて受粉すると，しばらくして，胚珠は発達して種子になり，子房は果実になる。サクラは，胚珠が子房に包まれている被子植物である。

3 A，Bとも，種子ができるのは，d のめしべである。花の最も外側にあるのは，a のがくである。

4 (2) 雌花のついている枝先から，翌年の春に新しい枝が伸びてくる。すなわち，C は前年，D は前々年の雌花である。

Step 2 ① 解答	p.56 ～ p.57

1 (1) ① **イ**　② がく
(2) (例) 花弁がくっついているから。(合弁花だから。)

2 (1) A　(2) **エ**

3 記号－**オ**　名称－胚珠

4 ① **ア**　② **エ**　③ **ウ**　④ **イ**

解説

1 (1) ① なるべくルーペを動かさないで，見ているものを動かすとよい。

(2) タンポポは合弁花である。そのため，花弁がすべてくっついている合弁花類に分類される。

2 (1) マツの雌花は，枝の先端に集まっている。

(2) 図 2 の X は，マツの雌花の胚珠である。マツの胚珠は子房に包まれていない。

3 種子は，胚珠が成長してできる。エンドウの胚珠は**オ**である。

4 カキの種子で，栄養分が蓄えられているのは**ア**の胚乳で，まず，**エ**の幼根が伸びて根になり，続いて**ウ**の幼芽が伸びて 2 枚の子葉が開く。

	子葉	葉脈	根
双子葉類	2枚	網状脈	主根・側根
単子葉類	1枚	平行脈	ひげ根

Step 2 ② 解答　　　　p.58〜p.59

❶ (1)子房　(2)①イ　②ア　(3)被子植物
❷ (1)a－オ　b－イ　c－エ　(2)ウ
　　(3)花粉のう　(4)③イ　④カ
❸ (1)(順に)ウ，ア，イ，エ
　　(2)記号－D　名称－子房
❹ ①ウ　②ア　③イ

【解説】

❶ 図1に示しためしべは，先端が柱頭で，Aが子房である。花粉が柱頭につくと，花粉から花粉管が伸びて胚珠に達し，受精する。その後，分裂をくり返して，種子の中の胚となる。

❷ (1)クロマツは，新しい枝の先に，雌花をつける。雌花には，2つの胚珠がむき出しのままついている。この胚珠に，雄花の花粉のうから出た花粉がついて受粉する。
　(2)クロマツは，胚珠がむき出しで，裸子植物である。
　(4)花粉は，風によって運ばれるので，より遠くまで運ばれるように袋がついている。また，種子も風によって運ばれやすいように，羽根がついている。

❸ (1)アは花弁，イはおしべ，ウはがく，エはめしべである。

❹ 花のつくりは外側から，がく，花弁，花粉をもつおしべ，胚珠があるめしべの順についているものが多い。

10　植物のなかま分け

Step 1　解答　　　　p.60〜p.61

❶ ①コケ植物　②シダ植物　③被子植物
　④2枚　⑤双子葉類　⑥離弁花類
　⑦合弁花類　⑧平行脈　⑨ひげ根
❷ A－イ　B－ア　C－ウ
❸ 被子植物－イ，ウ，エ
　裸子植物－ア，イ，ウ
❹ ①イ　②オ　③ウ　④エ　⑤カ

【解説】

❶ 種子をつくらない植物で，根・茎・葉の区別があるのは，シダ植物だけである。
　被子植物の双子葉類は花弁が分かれている離弁花類と花弁がくっついている合弁花類に区別される。

❷ ゼニゴケとマツとの区分は，種子でふえるか，胞子でふえるかである。
　また，マツとサクラとの区分は，胚珠が子房に包まれているか，いないかである。

❸ 裸子植物の花は花弁をつけない。種子ができること，葉緑体をもつことは被子植物，裸子植物ともにあてはまる特徴である。

❹ ⑤は裸子植物の特徴である。②と④は，双子葉類と単子葉類を区別する特徴である。①と③は，花弁がくっついているか，花弁が離れているかである。

Step 2 ①　解答　　　　p.62〜p.63

❶ ①D　②A　③B　④C　⑤E
❷ (1)前葉体　(2)ウ　(3)ウ　(4)イ
❸ (1)C　(2)イ
❹ (1)エ　(2)D　(3)5種類

【解説】

❶ ①キキョウやツツジは，花弁がくっついている合弁花類である。
　②コケ植物とシダ植物である。
　③裸子植物である。
　④単子葉類である。
　⑤離弁花類である。

❷ (1)胞子が湿った地面に落ち，発芽したのがAで，前葉体である。
　(3)Bは胞子のうで，葉の裏側にできる。
　(4)シダ植物は根・茎・葉の区別があり，胞子でふえる。

❸ (1)葉脈が平行脈で，根がひげ根という特徴をもつのは，単子葉類である。
　(2)はじめに種子でふえるか胞子でふえるかで分け，次に種子植物を被子植物か裸子植物かで分ける。さらに被子植物を単子葉類か双子葉類かで分ける。双子葉類は合弁花類か離弁花類かに分けられる。

❹ (1)Aの植物はゼニゴケである。①が雌株，②が雄株である。
　(2)いまから3億年前，地上に大森林をつくっていた植物はシダ植物で，Dのスギナはシダ植物の一種である。

13

(3) 全17種類で，胞子でふえる植物であるＡとＤのなかまが8種類，ＡとＤのうち，根・茎・葉の区別のないＡが3種類だから，Ｄは，8－3＝5〔種類〕である。

1 (1) Ａ－合弁花類　Ｂ－離弁花類
　　　Ｃ－単子葉類　Ｄ－裸子植物
　　　Ｅ－シダ植物　Ｆ－コケ植物
　　(2) アー c　イー f　ウー a　エー b
　　　オー h　カー i
　　(3) アーＢ　イーＡ　ウーＣ　エーＣ
2 (1) エ　(2) オ
3 (1) 図1－ゼニゴケ　図2－スギゴケ
　　(2) 胞子
　　(3) Ａ，Ｃ
　　(4) (例)日のあたらない湿ったところ。
　　(5) (例)根，茎，葉の区別があるかないか。
4 エ

解説

3 (2) コケ植物は種子をつくらない植物で，胞子によってふえる。
　　(3) 胞子は雌株の胞子のうにできる。
　　(5) コケ植物は根，茎，葉の区別がないが，シダ植物にはある。
4 ア　シダ植物とコケ植物の区別は，コケ植物には根，茎，葉の区別がないことからわかる。
　　イ，ウ　ユリは単子葉類，タンポポとサクラは双子葉類である。単子葉類と双子葉類の区別は根の形の違いで区別することができる。
　　エ　タンポポとサクラは，両方とも双子葉類である。タンポポは合弁花類であり，サクラは離弁花類である。これは，花弁の形の違いによって区別ができる。

11　動物のなかま分け

1 ❶ 魚類　❷ 両生類　❸ ハ虫類　❹ 鳥類
　　❺ ホ乳類
2 (1) b
　　(2) a －恒温動物　b －変温動物
　　(3) ① b　② a

3 (1) a －頭部　b －胸部　c －腹部
　　(2) 名称－気門　はたらき－ウ
　　(3) ア，エ，カ

解説

1 セキツイ動物は，魚類，両生類，ハ虫類，鳥類，ホ乳類の5つのグループに分けられる。
2 (3) 恒温動物では体温を40℃付近に保つことができるので，酵素がよくはたらき，生命活動が維持しやすい。
3 (2) 昆虫のなかまは，腹部の気門で空気を出し入れし，気管で呼吸する。
　　(3) 節足動物には，昆虫類，クモ類，甲殻類，ムカデ・ヤスデ類がある。ミジンコは甲殻類である。

1 (1) アーえら呼吸
　　　イー(例)肺呼吸と皮膚呼吸
　　(2) Ａ－魚類　Ｂ－両生類　Ｅ－ホ乳類
　　(3) (例)体温の保ち方
　　(4) ア　(5) 犬歯
2 (1) カ　(2) エ　(3) ア，エ
3 (1) ホ乳類－①　ハ虫類－②
　　　両生類－②　魚類－②
　　(2) ① 恒温動物　② 変温動物
　　(3) 鳥類　(4) 胎生

解説

1 (3) 鳥類とホ乳類は体温を一定に保つ恒温動物で，魚類，両生類，ハ虫類は周囲の気温と同じように体温が変化する変温動物である。
2 (1) クモ，ミジンコ，イセエビ，ムカデ，バッタは，すべて節足動物である。
　　ゴカイは環形動物である。
　　(2) トンボなどの昆虫のからだは，頭部・胸部・腹部の3つに分かれ，あしは胸部に3対ある。
　　トンボの食性は肉食性で，カ，ハエ，チョウ，ガ，あるいは他のトンボなどを空中で捕食する。
3 (3) セキツイ動物の中で恒温動物は鳥類とホ乳類のみで，ホ乳類は胎生，鳥類は卵生である。

1 (1) ウ　(2) ア　(3) 変温動物
2 (1) (例)背骨をもつ動物

(2) ア，エ　(3) 胎生（たいせい）　(4) イ
3 (1) 節足動物　(2) 外とう膜（まく）

【解説】
1 (2) カエルは両生類，ウナギは魚類，ネズミはホ乳類である。
2 (2) カメはハ虫類である。したがって変温動物であり，肺で呼吸する。
(4) コウモリはホ乳類なので，仲間のふやし方は胎生である。
3 (1) 節足動物には昆虫類（こんちゅう），甲殻類（こうかく），クモのなかまやムカデのなかまなどがいる。

Step 3	解答	p.72〜p.73

1 (1) ウサギ　(2) ウ
(3) ① A
② (例) ハ虫類の卵には殻（から）があり，からだの表面はうろこでおおわれているため，乾燥（かん・そう）に強いから。
2 (1) A −胞子（ほうし）　B −前葉体　(2) ア　(3) オ
3 (1) エ　(2) B　(3) ① 裸子植物（らし）　② ア，エ
(4) ① イ，カ　② 胞子
4 イ，ウ，エ

【解説】
1 (1) Dのみ子の産み方が胎生（たいせい）であるため，Dはホ乳類のウサギであることがわかる。
(2) Aはトカゲ，Bはイモリ，Cはハト，Eはメダカである。両生類であるイモリの特徴を選ぶ。
(3) ② 陸上は乾燥している。ハ虫類は殻のある卵やうろこにおおわれた皮膚（ひふ）により，両生類より乾燥に耐（た）えやすいからだをもつ。
2 (1) Aは，胞子のうから放出された胞子である。胞子（しめ）は湿った地面に落ちると発芽して，Bの前葉体になる。
(2) シダ植物の特徴は，葉緑体があり，根・茎（くき）・葉の区別があり，胞子でふえる点である。
3 (1) ルーペを目に近づけて見ると，最も大きく観察できる。マツの種子を動かし，ピントを合わせる。
(2) 胚珠（はいしゅ）がやがて種子になる。
(4) 種子植物は種子をつくるが，ゼニゴケなどのコケ植物やスギナなどのシダ植物は，胞子をつくってなかまをふやす。
4 アは鳥類，イは両生類，ウは魚類，エはハ虫類，オはホ乳類である。

12　火山活動と火成岩

Step 1	解答	p.74〜p.75

1 ① 強　② 弱　③ 激しい　④ おだやか
⑤ 白　⑥ 黒　⑦ 斑晶（はんしょう）　⑧ 石基　⑨ セキエイ
⑩ クロウンモ　⑪ 斑状（はんじょう）　⑫ 等粒状（とうりゅうじょう）
⑬ 火山岩　⑭ 深成岩
2 (1) ア，イ，エ
(2) エ
(3) ア，ウ，オ
3 (1) 火成岩　(2) 火山岩　(3) 深成岩
A 組織名−斑状組織　名称（めいしょう）−安山岩
B 組織名−等粒状組織　名称−花こう岩
4 (1) A −火山(岩)　B −深成(岩)
(2) 斑状(組織)
(3) D −安山(岩)　E −花こう(岩)
(4) F −白　G −黒

【解説】
1 粘性（ねんせい）の強い溶岩（ようがん）は，流れないので固まっておわんをふせたような形の火山を形成する。噴火（ふん・か）のようすは激しく，火砕流（さいりゅう）などを発生させる。
　粘性の弱い溶岩は，噴火のようすもおだやかで，火口近くまで接近することもできる。溶岩は流れて平らになるので楯状火山が形成される。
2 (1) 花こう岩は，比較的（ひかくてき）白っぽい岩石だが，クロウンモも含（ふく）んでいる。
(2) ガラスのように無色透明（とうめい）な造岩鉱物は，セキエイである。
(3) チョウ石とセキエイは無色鉱物である。
3 A：石基の中に斑晶が見られることから斑状組織であることがわかる。また，斑晶の中にはカクセン石の結晶（けっしょう）があることなどから，この岩石は安山岩であることがわかる。
B：同じ大きさの結晶がつまっていることから等粒状組織であることがわかる。セキエイ，チョウ石，クロウンモを含むことから，この岩石は花こう岩であることがわかる。
4

	つくり	火成岩の種類		
火山岩	斑状組織	流紋岩	安山岩	玄武岩
深成岩	等粒状組織	花こう岩	閃緑岩	はんれい岩
岩石の色		白っぽい◀━━━▶黒っぽい		

Step 2 ① 解答 　　　　　　　　　　 p.76 ～ p.77

1 (1)① ア ② イ ③ イ
　(2)① A －石基　B －斑状組織
　　② ア
2 (1)岩石 B －ア　岩石 C －エ
　(2)A, D
3 (1)深成岩　(2)等粒状組織　(3)花こう岩
　(4)クロウンモ　(5)ア, ウ

解説

1 (1)粘りけが強いマグマほどマグマの噴出物に無色
鉱物が多く含まれるので白っぽくなる。
　(2)地表付近で急に冷やされたため, 鉱物は大きく
成長できない。そのため, 斑状組織となる。
2 (1), (2)岩石 A と岩石 D は, 同じくらいの大きさ
の角ばった粒が組み合わさっていることから,
等粒状組織である。岩石 A は白っぽいことから
花こう岩であり, 岩石 D は黒っぽいことからは
んれい岩である。岩石 B は形がわからないほど
小さい粒の間に, 大きく角ばった粒が散らばっ
ていることから, 斑状組織である。岩石 B は黒っ
ぽいことから, 玄武岩であることがわかる。岩
石 C は同じくらいの大きさの丸みを帯びた粒が
集まっているから堆積岩, つまり砂岩であるこ
とがわかる。
3 花こう岩は, セキエイ・チョウ石・クロウンモから
なる比較的白っぽい岩石である。つくりは, 同じ大
きさの結晶が集まっていることから, 等粒状組織で
あることがわかる。深成岩の一種である。

Step 2 ② 解答 　　　　　　　　　　 p.78 ～ p.79

1 (1)① 火成岩　② イ
　(2)カ　(3)斑晶
2 (1)斑晶　(2)ウ
3 (1)A －等粒状組織　B －斑状組織
　(2)a －ウ　b －エ　c －イ　(3)イ
　(4)d －斑晶　e －石基
　(5)d －ア　e －イ

解説

1 (1)② 石灰岩は生物の遺がいや水に溶けていた成分
が海底などに堆積し固まったものである。
　(3)岩石 Y は斑状組織をもつ火山岩である。比較的
大きな鉱物を斑晶とよぶ。

2 (2)無色鉱物にはセキエイとチョウ石がある。カン
ラン石, キ石, 磁鉄鉱は有色鉱物である。
3 (2)セキエイはガラスのように透き通って見え, チョ
ウ石は白またはピンク色をし, クロウンモは黒
く見える。
　(3)セキエイ, チョウ石, クロウンモからなる等粒
状組織の岩石は花こう岩である。
　(5)斑晶が大きくなるためにはゆっくり冷やされる
必要がある。結晶化しやすい成分が地中深くで
結晶化したのが斑晶で, その後マグマが地表へ
おし上げられたときに急速に冷やされて石基部
分ができる。

13　地震と大地

Step 1 解答 　　　　　　　　　　　　 p.80 ～ p.81

1 ❶ P　❷ 初期微動　❸ S　❹ 主要動
　❺ 震央　❻ 震源
2 (1)○　(2)×　(3)○
3 ① A　② B　③ C
4 (1)16 秒
　(2)約 149 km
5 (1)断層
　(2)① 隆起　② 沈降
6 A －大陸　B －海洋

解説

1 P 波(初期微動):縦波(疎密の波がしだいに遠くへ
伝わる。), はやく伝わる, はじめに小さなゆれを起
こす。
S 波(主要動):横波(ずれの波がしだいに遠くへ伝
わる。), おそく伝わる, あとからくる大きなゆれを
起こす。
2 (1), (2)地震の初めの小さなゆれを初期微動といい,
この初期微動が続く時間の長短で震源との距離
の大小がわかる。
　(3)地震では上下や水平方向にゆれる。
3 初期微動継続時間の短いものほど, 震源に近い。そ
のため, ①は A になる。
4 (2)

観測地点から震源までの距離を x km とすると,
地震が発生してから観測地点に P 波がとどくまで

16

の時間は$\frac{x}{7}$〔s〕，S波がとどくまでの時間は$\frac{x}{4}$〔s〕である。この時間の差が初期微動継続時間なので，

$$\frac{x}{4}-\frac{x}{7}=16$$
$$x=149.3\cdots\to 149〔km〕$$

5 地震によって，震央付近では地面のくいちがいの断層や，急に土地がもりあがる(隆起)，沈む(沈降)などが起こる。

6 日本列島付近には，大陸プレートと海洋プレートがある。地震の原因は，海洋プレートが大陸プレートの下にもぐりこんでいる動きである。

Step 2 ① 解答	p.82～p.83

1 (1) X－しょきびどう
　　　　 Y－しゅようどう
(2) 56 km

2 (1) ① 5　② 6
(2) ① イ　② エ

3 (1) ア
(2) 1000 倍
(3) エ
(4) ① 海洋　② 大陸　③ 海洋

解説

1 (2) 初期微動継続時間は震源との距離に比例する。地点 B は震源から 84 km で初期微動継続時間は 12 秒であるため，震源から地点 A までの距離を x とすると，84：12＝x：8 より，$x=56$〔km〕

2 (2) ① マグニチュードが 1 大きくなると，エネルギーは約 32 倍になる。
② 震源から近いほうが一般的に震度が大きくなる。同じ地点で，マグニチュードの異なる震度が等しい地震が観測された場合，マグニチュードが小さいほうが震源から近いと考えられる。

3 (2)，(3) 海洋プレートが大陸プレートの下に沈みこんでいると考えられる。そのために，震源の分布が大陸に向かい，深くなっている。

Step 2 ② 解答	p.84～p.85

1 (1) ① 主要動　② おそい　③ 音　④ 光
(2) (例) 初期微動継続時間が長いほど，震源からの距離が遠い。
(3) C → A → B
(4) 5 時 46 分 52 秒　(5) エ　(6) 水平動

---

2 イ，カ

3 (1) ① イ　② エ
(2) 断層

4 (1) 10 時 30 分 30 秒
(2) 4 km/s

解説

1 (1) 初期微動の後にくる，大きなゆれを主要動という。
(2) 初期微動継続時間と震源からの距離との間には，比例の関係がある。
(3) A ～ C の地点での記録から，C が最も初期微動継続時間が短いので，震源に最も近いことがわかる。
(4) 図 1 のグラフより地点 Y の震源からの距離は 240 km で，地点 X の震源からの距離は，
$240\text{ km}\times\frac{12}{30}\text{ s}=96\text{ km}$ なので，
P 波の速さは，$(240-96)\text{ km}\div 24\text{ s}=6\text{ km/s}$ となる。地震が発生したのは，X 地点に P 波が到着した時間より，
$\frac{96\text{ km}}{6\text{ km/s}}=16\text{ s}$ 前となり，5 時 46 分 52 秒となる。
(5)，(6) 地震計には，上下動地震計と水平動地震計がある。おもりのところが動かない点である。

2 ア 震度は 10 段階で表す。
ウ 地盤のかたさややわらかさなども関係する。
エ，オ マグニチュードは地震の規模のことで，震度とは異なる。

3 (2) 地震によって，地面にくいちがいのずれが生じることがある。これを断層という。

4 (1) 初期微動のグラフと主要動のグラフが結ばれる点が地震発生の時刻で，10 時 30 分 30 秒となる。
(2) 主要動のグラフの時刻と，震源までの距離の読みとりやすい点を見つける。200 km と 400 km の点で，時刻の表は，
32 分 10 秒－31 分 20 秒＝50 秒　となる。
したがって，主要動の速さは，
200 km÷50 s＝4 km/s　となる。

Step 3 ① 解答	p.86～p.87

1 (1) A －斑晶　B －等粒状組織
(2) (例) A は水溶液を急に冷やしたためミョウバンの結晶が大きく成長できなかったが，B はゆっくりと冷やしたため結晶が大きく成長したから。
(3) ① ア　② イ

2 ①ア　②エ
3 (1)Ａ－エ　Ｂ－ウ
　　(2)ア

解説

1 (1), (2)Ａはマグマが急に冷やされてできる火山岩
　　のつくりと，Ｂはゆっくり冷やされてできる深
　　成岩のつくりと同様になっている。

2 Ａはおわんをふせた形の火山で，マグマの粘り<ruby>け<rt></rt></ruby>
　<ruby>気<rt>け</rt></ruby>が強く，<ruby>噴火<rt>ふんか</rt></ruby>のようすは<ruby>爆発<rt>ばくはつ</rt></ruby>的で，<ruby>激<rt>はげ</rt></ruby>しい。Ｂは<ruby>傾<rt>けい</rt></ruby>
　<ruby>斜<rt>しゃ</rt></ruby>のゆるやかな火山で，マグマの粘り気が弱く，噴
　火のようすはおだやかに溶岩が流れ出る。

3 (2)<ruby>地震<rt>じしん</rt></ruby>が起こる原因の１つとして，海のプレート
　　が陸のプレートに<ruby>沈<rt>しず</rt></ruby>みこむことにより起こるも
　　のがある。図２より大陸側(日本海側)のほうが
　　震源の深い地震が起こっていることがわかる。

14 地層と過去のようす

Step 1　解答	p.88～p.89

1 ①<ruby>侵食<rt>しんしょく</rt></ruby>　②<ruby>運搬<rt>うんぱん</rt></ruby>　③<ruby>堆積<rt>たいせき</rt></ruby>　④深い
　⑤おそい　⑥大きい　⑦砂　⑧<ruby>泥<rt>どろ</rt></ruby>　⑨<ruby>泥岩<rt>でいがん</rt></ruby>
　⑩砂岩　⑪れき岩
2 (1)<ruby>石灰岩<rt>せっかいがん</rt></ruby>　(2)泥岩　(3)砂岩　(4)れき岩
　(5)<ruby>凝灰岩<rt>ぎょうかいがん</rt></ruby>
3 ①しゅう曲　②断層
4 ①6600万　②２億5000万　③５億3900万
　④人類　⑤アンモナイト
　⑥・⑦サンヨウチュウ，フズリナ(順不同)
　⑧<ruby>被子<rt>ひし</rt></ruby>植物　⑨<ruby>裸子<rt>らし</rt></ruby>植物
5 (1)中生代　(2)<ruby>示準化石<rt>じじゅんかせき</rt></ruby>

解説

1 ①～③川の三作用……侵食：岩石がけずられる。
　　運搬：下流へ運ばれる。堆積：流速のおそいとこ
　　ろで堆積する。
　④～⑧陸地から海に流れ出た川の水は，陸地近く
　　では流れがはやく，海が深くなるほどおそくなる。
　　流れがおそくなるほど，堆積する<ruby>土砂<rt>どしゃ</rt></ruby>の大きさは
　　細かく(小さく)なる。
2 粒の大きさによって，大きいものから，「れき岩」「砂
　岩」「泥岩」に分けられる。
　(1)チャートも生物の<ruby>遺<rt>い</rt></ruby>がいなどが固まってできた
　　岩石であるが，塩酸に溶けない。

3 地層が波を打ったように曲がっている地形をしゅう
　曲といい，地層にくいちがいがある地形を断層とい
　う。
4 サンヨウチュウ・フズリナは古生代の示準化石，ア
　ンモナイトは中生代の示準化石である。裸子植物は
　中生代から出現している。人類などのホ乳類は新生
　代になり繁栄した。

Step 2　①　解答	p.90～p.91

1 (1)イ，ウ　(2)ア
　(3)(例)広い地域にわたって，限られた時代の
　　み存在していた生物
　(4)二酸化炭素
　(5)力の向き－ア　名称－しゅう曲
2 (1)①イ　②イ　③ア
　(2)カ

解説

1 (1)サンゴはあたたかくて浅い海にすんでいる。
　(4)<ruby>石灰岩<rt>せっかいがん</rt></ruby>には炭酸カルシウムが，チャートには二
　　<ruby>酸化<rt>ふく</rt></ruby>ケイ素が多く含まれているため，このよう
　　な<ruby>違<rt>ちが</rt></ruby>いが見られる。
　(5)しゅう曲は地層に左右から<ruby>押<rt>お</rt></ruby>される力がはたら
　　き，波打つように地層が変形することである。
2 (1)②図４よりれき，砂，泥と粒子が小さくなるほ
　　ど遠くに運ばれていることがわかる。
　　③図２よりれき，砂，泥の順に<ruby>堆積<rt>たいせき</rt></ruby>しているので，
　　<ruby>粒<rt>つぶ</rt></ruby>の大きさが大きいほど速く<ruby>沈<rt>しず</rt></ruby>んで積もるこ
　　とがわかる。
　(2)粒の小さいものが遠くに運ばれており，あとか
　　ら沈んだとわかるものを選ぶ。

Step 2　②　解答	p.92～p.93

1 (1)①中生代　②示準化石
　　③(順に)エ，ア，イ，ウ
　(2)①二酸化炭素　②5.5m　③ア
2 (1)Ｄ層　(2)ア
　(3)ア－Ｃ層　イ－(例)小さい

解説

1 (1)③アは中生代，イは新生代(第三紀)，ウは新生
　　代(第四紀)，エは古生代の示準化石である。
　(2)②地点Ｐの柱状図よりれきの層の厚さが3.0m
　　であることがわかる。よって地点Ｑの柱状図

より，2.5＋3.0＝5.5〔m〕

③ 地層は水平に広がっているので海抜が高いほど，れきの層の上が厚く堆積している。地点Sは地点Qより0.5 m低いのでその分地表から近くなる。

2 (1) 下にある層は上にある層より古い層なので，一番古いのは一番下にあるものである。

(2) 示準化石は広い地域にわたって限られた時代のみ存在していた生物の化石である。一方，環境を推測する手がかりとなるのは示相化石である。

(3) れき岩の上に砂岩が積もっているので，粒の大きさが小さくなっていることがわかる。河口から遠くなったことにより粒が小さい砂が堆積するようになったと考えられる。

15　自然の恵みと火山・地震災害

<table>
<tr><td>Step 1　解答</td><td>p.94 ～ p.95</td></tr>
</table>

1 ❶ 北アメリカ　❷ ユーラシア　❸ 太平洋
❹ フィリピン海　❺ 日本海溝　❻ 地震

2 ① 東北地方太平洋沖地震
② 津波　③ 海溝型　④ 南海トラフ
⑤ (活)断層　⑥ 直下型(内陸型)　⑦ 近い
⑧ 大きく　⑨ 多くなる

3 ① 火山　② 温泉　③ 地熱
④ 工芸品　⑤ 農作物
⑥〜⑨ 溶岩, 火山ガス, 火山弾, 火山灰(順不同)
⑩ 溶岩流　⑪ 火砕流　⑫ ゆっくり
⑬ 火山ガス

解説

1 プレートの衝突するような場所では，地震が起こりやすく，また火山活動も活発である。
図の日本海溝沿いやフィリピン海プレートとユーラシアプレートが衝突する場所では，特に地震の発生が多く見られる。

2 ③ 日本はプレートの境界に位置しているので，海溝型地震と直下型(内陸型)地震の両方が発生しやすい。
④ 南海トラフにおける地震は，近い将来起こるものとして想定されており，さまざまな対策が考えられている。

3 ⑪ 火砕流は深刻な災害を引き起こすことが多いが，ハザードマップの作成などにより対策が行われている。

<table>
<tr><td>Step 2　解答</td><td>p.96 ～ p.97</td></tr>
</table>

1 (1) マグニチュード
(2) 津波
(3) (例)太平洋側のプレートが大陸側のプレートの下に沈みこんでいるため。

2 (1) A－ウ　B－オ
(2) C－火砕流　D－火山弾
(3) (例)エネルギー源として温泉水や高温の蒸気を利用した地熱発電が行われている。火山灰は工芸品に利用される。また，火山灰は野菜の栽培に適した土壌になる。
(4) (例)山麓では比較的ゆっくりと移動するため，避難する時間があることが多いこと。

3 (1) A－直下(内陸)　B－マグニチュード
C－海溝　D－津波
(2) 液状化　(3) 二次災害

解説

1 (1) 地震のゆれの程度は震度で，地震の規模を表す尺度はマグニチュードで表す。
(2) 地震が原因になって，海水面が上昇し沿岸近くにおしよせてくる。

2 (1) 日本の活火山は常に気象庁などで観測，監視，評価が行われている。
(3) 火山噴火が起こっていないときは美しい景観や周辺に湧き出る温泉を観光資源として利用している。

3 (2) 液状化は，土の粒子と水と空気が混ざっていたところに地震が起こることで土の粒子が水の中でバラバラになることで起こる。軽いものは浮かび上がり，重いものは沈むため，土の粒子が沈み，水が地表に噴出する。
(3) 二次災害には火災や水道・ガス・電気の寸断，交通網の切断などがある。

<table>
<tr><td>Step 3 ②　解答</td><td>p.98 ～ p.99</td></tr>
</table>

1 (1) (例)うすい塩酸をかけて，二酸化炭素が発生することを確認する。
(2) 化石－示準化石　年代－イ
(3) 柱状図　(4) イ　(5) 右図

2 (1) 水蒸気　(2) エ

1 (1) 石灰岩であればうすい塩酸をかけたときに二酸化炭素が発生する。

(4) AとCを比べると標高はAのほうが10 m高く、柱状図で凝灰岩の層が下に10 m低いためAとCの凝灰岩が同じ高さにあることがわかるが、AとBを比べると、Bのほうが20 m高いのに対して柱状図の層では凝灰岩の層が10 m低いだけなのでBのほうの凝灰岩の層は10 m高いことになる。つまり、東のほうが西より高いため、西に傾いている。

2 (2) 噴火時に高温の岩石、火山灰などが一体になって高速で斜面をかけ下りるのは火砕流であり、土石流は降り積もった火山灰などが、雨によって川に押し流されるものである。Bは水無川の下流に広がっている。

総仕上げテスト①

解答	p.100 ～ p.101

❶ (1) エ

(2) ① 24　② イ　③ イ

❷ (1) ① 斑晶

② (例)マグマが地表や地表近くで急に冷え固まってできた。

(2) 等粒状組織

(3) 火成岩

❸ (1) ① 主根　② ひげ根

(2) ① 2　② 双子葉　③ 1　④ 単子葉

A－イ，オ　B－ウ，カ

❹ (1) 20 %

(2) イ

(3) 再結晶

❶ (2) スクリーンにできた像の大きさと物体の大きさが同じになるのは、焦点距離の2倍の位置に物体を置いたときである。焦点距離の2倍以上の位置に物体を置いたとき、凸レンズからスクリーンまでの距離は、焦点距離の2倍より短くなり、うつる像の大きさは、物体の大きさよりも小さくなる。

❷ (1) 火山岩は、マグマが地表や地表付近で急に冷え固まってできるため、結晶になりきれなかった

石基と大きな鉱物の斑晶とからなる斑状組織をしている。

❸ 根が主根と側根とからなり、葉脈が網目状をしており、子葉が2枚の双子葉類には、サクラ、タンポポがあげられる。根がひげ根からなり、葉脈が平行に通り、子葉が1枚の単子葉類には、ユリ、イネがあげられる。イチョウ、スギは裸子植物である。

❹ (1) 質量パーセント濃度 $= \dfrac{溶質の質量}{水溶液の質量} \times 100$

水溶液の質量は、100＋25＝125〔g〕　溶質の質量は25 gより、25 g÷125 g×100＝20 %

(2) グラフより、50 ℃の水100 gに硝酸カリウムは約85 g溶けることから考える。

総仕上げテスト②

解答	p.102 ～ p.104

❶ (1) イ

(2) イ

❷ (1) ① ア，エ　② ウ，オ　③ イ，カ

(2) 外骨格

(3) 外とう膜

❸ (1) 状態変化

(2) 目の高さ－イ　位置－c

(3) 0 ℃

(4) 水－ア　ろう－イ

(5) 現象－沸騰　すがた－オ

❹ (1) (例)出てきた気体を冷やして液体にする役割をはたしている。

(2) (例)液体Bのほうが、エタノールの含まれる割合が大きいから。

❺ (1) 断層

(2) ① ア，エ　② ア

③ 12時47分12秒

❻ (1) 風化

(2) 泥岩→砂岩→れき岩

(3) X－塩酸　Y－二酸化炭素

❶ (1) おもりの個数とばねの伸びが比例することを考える。ばねBを引く力を x Nとすると、$x:(0.5 \times 4) = 12.0:6.8$ となるので、$x \fallingdotseq 3.5$〔N〕

(2) 同じ個数のおもりを加えたときのばねAとばねBの伸びの比を考える。

❷ (1) 軟体動物にはタコやイカ、貝類などがあり、節

足動物は昆虫類，甲殻類などが分類される。

❸ (4) 一般に，液体から固体にしたとき，体積は減るが，水は例外で，固体になると体積は増える。

(5) 液体が沸騰しているときは，液体から気体に変化しつつあるときである。

❹ (2) エタノールは水に比べて沸点が低い。

❺ (2) ② A 地点と B 地点は 48 km 離れており，主要動の始まった時刻の差は 16 秒より，主要動の伝わる速さは，48 km÷16 s＝3 km/s

③ ②と同様にして初期微動の伝わる速さを求めると，

48 km÷8 秒＝6 km/s，120−24＝96〔km〕

96 km÷6 km/s＝16 s より，A 地点より 16 秒後に初期微動が始まるため，12 時 47 分 12 秒になる。

❻ (3) 石灰岩の主な成分は炭酸カルシウムで，うすい塩酸と反応すると二酸化炭素の気体が発生する。